YONGDIAN XINXI CAIJI
TONGXIN JISHU JI YINGYONG

用电信息采集
通信技术及应用

国家电网公司营销部　组编

中国电力出版社
CHINA ELECTRIC POWER PRESS

内 容 提 要

用电信息采集系统应用的通信技术类型多样，通信效果参差不齐，各建设单位使用的通信方式差异性较大，系统功能实用化效果也存在一定程度的差异。为了总结用电信息采集通信技术应用成效，帮助有关建设单位科学选择先进适用的通信方式，编写了《用电信息采集通信技术及应用》一书。

本书共分为概述、远程通信技术、本地通信技术、通信关键芯片、综合应用分析、策略及建议6章。

本书可供用电信息采集系统规划设计、施工安装、运行维护的人员使用，也可作为大专院校相关专业师生自学用书与阅读参考书。

图书在版编目（CIP）数据

用电信息采集通信技术及应用 / 国家电网公司营销部组编. —北京：中国电力出版社，2015.5（2015.7重印）
ISBN 978-7-5123-6963-4

Ⅰ. ①用… Ⅱ. ①国… Ⅲ. ①用电管理—管理信息系统—应用—通信技术 Ⅳ. ①TM92-39②TN91

中国版本图书馆 CIP 数据核字（2014）第 298100 号

中国电力出版社出版、发行

（北京市东城区北京站西街 19 号 100005 http://www.cepp.sgcc.com.cn）
汇鑫印务有限公司印刷
各地新华书店经售
*
2015 年 5 月第一版 2015 年 7 月北京第四次印刷
710 毫米×980 毫米 16 开本 11.5 印张 153 千字
印数 11501—15500 册 定价 **38.00** 元

敬 告 读 者

本书封底贴有防伪标签，刮开涂层可查询真伪
本书如有印装质量问题，我社发行部负责退换

《用电信息采集通信技术及应用》

编 写 人 员

杜新纲　赵丙镇　杜蜀薇　葛得辉

李云峰　赵东艳　刘　宣　李　冀

黄建军　杨晓源

前 言
Foreword

用电信息采集系统是实现营销自动化，双向沟通客户用电信息，建设坚强智能电网，构筑全球能源互联网的重要数据基础支撑。国家电网公司以"全覆盖、全采集、全费控"为建设目标，于 2010 年开始大规模建设用电信息采集系统，目前已逾 2 亿户，在服务电力客户、促进节能减排、提升互动服务水平、加强需求侧管理、实现降损增效等方面发挥了重要作用。

通信技术是用电信息采集系统功能实现的重要基础，通信方式的性能、承载能力保证了用电信息采集系统功能的多样性和数据的安全性，在用电信息采集系统中起着至关重要的作用。用电信息采集系统应用的通信技术类型多样，通信效果参差不齐，各建设单位使用的通信方式差异性较大，系统功能实用化效果也存在一定程度的差异。如何平衡通信方式的成本和性能，选择先进适用的通信技术建设用电信息采集系统，成为摆在各建设单位相关决策者面前的一个现实问题。为了总结用电信息采集通信技术应用成效，帮助有关建设单位科学选择先进适用的通信方式，编写了《用电信息采集通信技术及应用》，供相关从业人员参考。

本书旨在深入分析、比较目前国家电网公司系统主要采用的用电信息采集通信技术及其适用性，引导各单位因地制宜地科学选择通信方式，进一步提升用电信息采集数据传输性能，加强先进通信技术的推广和普及，促进相关技术人员及时掌握当前主流通信技术特点，提升管理人员、运行维护人员技能，推进用电信息采集系统建设和运维工作高效开展，提高用电信息采集系统建设质量。

本书共分为概述、远程通信技术、本地通信技术、通信关键芯片、综合应用分析、策略及建议 6 章。在介绍了用电信息采集系统及其通信技术分类的基础上，详细描述了各种通信技术及其分类、特点、工程应用和发展趋势，并对 LTE230、EPON、微功率无线等新兴通信技术所采用的具有自主知识产权关键芯片进行了重点介绍。随后结合现场应用，对上述多种通信技术的现场应用情况展开了对比分析。最后立足应用需求分析，对应用目标和技术选择策略进行了讨论。

为完成好本书的编写工作，国家电网公司营销部多次组织召开《用电信息采集通信技术及应用》编写研讨会，北京、重庆、黑龙江等部分电力公司，国家电网公司信息通信分公司、中国电力科学研究院、国网电力科学研究院等技术支持单位，芯片研发或产品研发企业与会，在此对各单位给予本书的支持与帮助表示诚挚的谢意。本书的理论及基本概念部分是在查阅大量的国内外文献资料基础上形成的，由于资料繁杂庞大，加上编者时间有限，参考文献有挂一漏万的可能，如有遗漏可与我们联系，并在此对所有为本书做出贡献的学者和研究人员表示感谢。

由于编者水平有限，加之时间仓促，书中不足之处在所难免，欢迎广大读者批评指正，提出宝贵意见。

编　者

2014 年 12 月

主 要 符 号 说 明

符号	英语	汉语
AAS	Adaptive Antenna System	自适应天线系统
ACL	Access Control List	访问控制列表
ADSS	All-dielectric Self-supporting Optical Cable	全介质自承式光缆
AMI	Advanced Metering Infrastructure	高级计量体系
APN	Access Point Name	接入点名称
CDMA	Code Division Multiple Access	码分多址接入
CRC	Cyclical Redundancy Check	循环冗余码校验
CSMA/CA	Carrier Sense Multiple Access with Collision Avoidance	载波监听多路访问/冲突避免
CWDM	Coarse Wavelength Division Multiplexing	粗波分复用
EPON	Ethernet Passive Optical Network	以太网无源光网络
FDD	Frequency Division Duplexing	频分双工
FDMA	Frequency Division Multiple Access	频分多址接入
FEC	Forward Error Correction	前向纠错
FSK	Frequency-Shift Keying	频移键控
GPON	Gigabit-Capable PON	吉比特无源光网络
GPRS	General Packet Radio Service	通用无线分组业务
GSM	Global System for Mobile Communications	全球移动通信系统
IP	Internet Protocol	互联网协议
IPSec	Internet Protocol Security	网际协议安全
LTE	Long Term Evolution	长期演进
LTE-FDD	Frequency-division Duplex Long Term Evolution	频分双工的长期演进

符号	英语	汉语
MAC	Media Access Control	介质访问控制子层协议
McWiLL	Multi-Carrier Wireless Information Local Loop	多载波无线信息本地环路
MIMO	Multiple-Input Multiple-Output	多输入多输出
MPCP	Multi Point Control Protocol	多点控制协议
MSK	Minimum-Shift Keying	最小频移键控
OAM	Operation Administration and Maintenance	运行、管理和维护
ODN	Optical Distribution Node	光分配网络
OFDM	Orthogonal Frequency Division Multiplexing	正交频分复用
OFDMA	Orthogonal Frequency Division Multiple Access	正交频分多址接入
OLT	Optical Line Terminal	光线路终端
ONU	Optical Network Unit	光网络单元
OPGW	Optical Fiber Composite Overhead Ground Wire	光纤复合架空地线
OSD	On Screen Display	屏幕菜单式调节方式
PON	Passive Optical Network	无源光网络
PSTN	Public Switched Telephone Network	公共交换电话网络
QoS	Quality of Service	服务质量
RS	Reed-solomon codes	里德–所罗门码
SDH	Synchronous Digital Hierarchy	同步数字体系
SIM	Subscriber Identity Module	GPRS 客户识别模块
TDD	Time Division Duplexing	时分双工
TD–LTE	Time-division Duplex Long Term Evolution	时分双工的长期演进
TDM	Time Division Multiplexing	时分多路复用
TDMA	Time Division Multiple Access	时分多址接入
TD–SCDMA	Time Division-Synchronous Code Division Multiple Access	时分同步码分多址接入

符号	英语	汉语
TWACS	Two Way Automatic Communication System	双向工频自动通信系统
UIM	User Identity Module	CDMA 用户识别模块
VPN	Virtual Private Network	虚拟专用网络
VLAN	Virtual Local Area Network	虚拟局域网
WCDMA	Wideband Code Division Multiple Access	宽带码分多址接入
WiMAX	Worldwide Interoperability for Microwave Access	全球微波互联接入

目　录
Contents

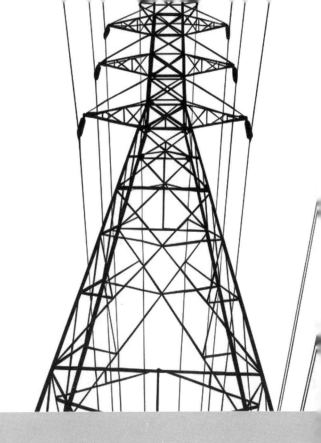

第 **1** 章

概　　述

根据《国家电网公司"十二五"电力营销发展规划》要求，"十二五"期间进一步加强营销计量、抄表、收费标准化建设，建成电力用户用电信息采集系统（简称用电信息采集系统），实现国家电网公司系统范围内电力用户的"全覆盖、全采集、全费控"，提升公司集约化、精益化和标准化管理水平。2009 年国家电网公司制定并发布了智能电能表和用电信息采集系统系列标准，2010 年正式全面启动了用电信息采集系统建设工作。

截止到 2014 年底累计推广应用智能电能表 2.48 亿只，用电信息采集系统覆盖用户规模达到 2.56 亿户，规模跃居世界第一。

通信技术是用电信息采集系统功能实现的重要基础，通信方式的性能、承载能力保证了用电信息采集系统功能的多样性和数据的安全性，在用电信息采集系统中起着至关重要的作用。用电信息采集系统应用的通信技术类型多样，通信效果参差不齐，各建设单位使用的通信方式差异性较大，系统功能实用化效果也存在一定程度的差异。

用电信息采集系统建设过程中，开展了相关通信技术研究、通信通道建设和通道建设效果的跟踪、分析、评价等工作，制订了"专网为主、公网为辅、多信道并行"的应用技术路线。随着用电信息采集系统接入用户数量的快速增长和系统功能实用化的稳步推进，通信信道的传输速率、稳定性、可靠性等特性已经成为提升用电信息采集系统建设应用效果的关键点。

1.1　用电信息采集系统

用电信息采集系统是通过对配电变压器和终端用户用电数据的采集和分析，实现自动抄表、用电监控、阶梯电价执行、有序用电、负荷控制、线损分析等功能，最终实现自动抄表算费、推广费控管理、加强用电检查和需求侧管理、提升用户互动服务水平和降损增效等目的。用电信息采集系统是智能电网的重要组成部分，是营销业务应用重要的数据支撑平台。

用电信息采集系统物理架构由采集系统主站层、远程通信信道层、采集设备层、本地通信信道层、电能表层和电力用户层组成，见图1-1。

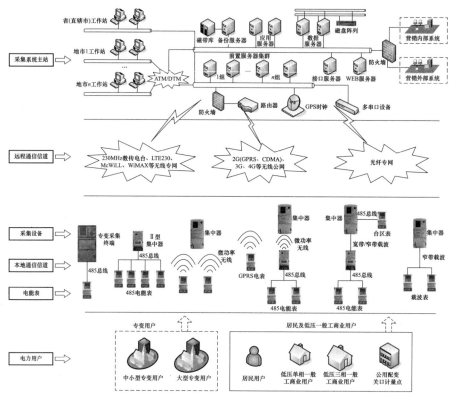

图1-1　用电信息采集系统物理架构

用电信息采集系统主站是对电力用户的用电信息进行收集、处理和实时监控的核心，可实现用电信息的自动采集、计量异常监测、电能质量监测、用电分析和管理、相关信息发布、分布式能源监控和智能用电设备的信息交互等功能。

用电信息采集终端是对各信息采集点实现用电信息采集的中间设备，简称采集终端。按应用场所分为专用变压器采集终端、集中抄表终端（包括集中器、采集器）等类型。目前国家电网公司的采集设备实现了型式规范、标准统一，专用变压器采集终端主要有Ⅰ型、Ⅱ型、Ⅲ型 3 种型式，集中器有Ⅰ型、Ⅱ型 2 种型式，采集器有Ⅰ型、Ⅱ型 2 种型式。采集系统主站通过通信信道和采集终端实现电能表数据的采集，数据管理，信息双向传输、转发或控制命令的执行等功能。

1.2　用电信息采集通信技术

用电信息采集系统通信信道包括远程通信信道和本地通信信道两部分。远程通信通道是指各类采集终端与采集系统主站之间的通信接入信道。远程通信技术包括 GPRS 无线公网、CDMA 无线公网、光纤专网、230MHz 无线专网、有线电视通信网、中压电力线载波等。本地通信信道是指采集终端之间、采集终端与电能表之间的通信接入信道。本地通信技术包括低压电力线窄带载波、RS–485 总线、微功率无线、低压电力线宽带载波等。

按照目前现场实际使用状况，将这些通信方式与用电信息采集系统中各业务终端之间的关系进行对应，建立了用电信息采集通信方式部署模型，如图 1–2 所示。

用电信息采集通信方式部署有一段式、二段式和三段式 3 种模式。一段式部署模式中没有本地信道，通常是 GPRS 无线公网、CDMA 无线公网、光纤专网等远程信道直接接入电能表；二段式和三段式部署模式中，远程信道仅负责主站至专用变压器终端、集中器之间的通信，相当于骨干网。专用变压器终端、集中器通过本地信道接入电能表，相当于接入网。二段式部署模式的本地信道通过低压电力线载波、微功率无线、RS–485 等通信方式直接由专用变压器终端、集中器连接至电能表；三段式部署模式的本地信道通过低压电力线载波、微功率无线等通信方式由集中器连接至采集器，再通过 RS–485 连接电能表。

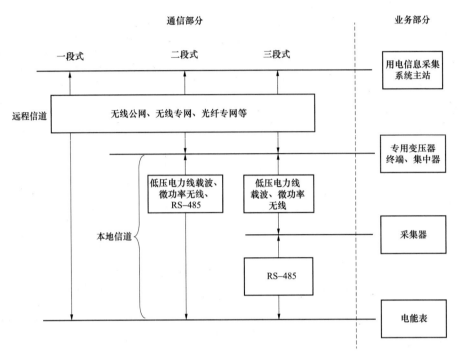

图 1-2　用电信息采集通信方式部署模型

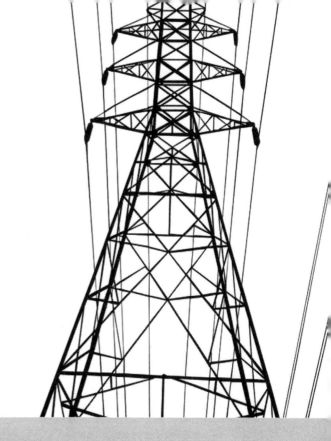

第 **2** 章

远 程 通 信 技 术

2.1　技　术　概　述

2.1.1　远程通信网络构成

远程通信通道一端连接了用电信息采集系统主站，另一端连接专用变压器终端或集中器等终端，以及具备远程通信功能的智能电能表。远程通信方式可供选择的通信技术较多，包括无线公网、无线专网、光纤专网、有线电视通信网、中压电力线载波通信等，可以是其中的一种通信方式，也可以是多种通信方式的组合。远程通信架构如图 2-1 所示。

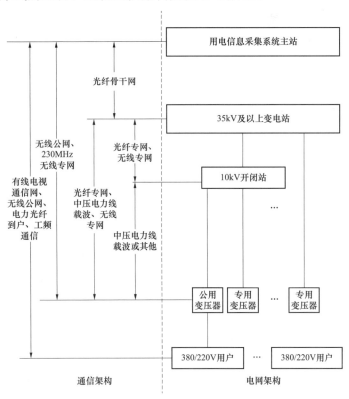

图 2-1　远程通信架构

根据覆盖范围不同,适用的通信技术介绍如下。

(1)主站到用户。GPRS 无线公网、CDMA 无线公网、电力光纤到户、有线电视通信网络均具有直接到户的特点,可以完成由主站到用户全程信息传输。

(2)主站到配电变压器。GPRS/CDMA 是主站到集中器或配电变压器终端的主要通信方式。

230MHz 无线专网主要用于专用变压器用户数据采集和电力负荷控制,也可以完成由主站到集中器的信息传输。

(3)变电站或开闭站到配电变压器。骨干通信网采用光纤通信方式,基本上已覆盖 35kV 及以上电压等级变电站。终端通信接入网包括 10kV 通信接入网和 0.4kV 通信接入网,覆盖从变电站 10kV 出线到配电变压器、电力用户范围。终端通信接入网可以采用光纤专网、无线专网、中压电力线载波等通信方式实现。

2.1.2 国内应用现状

国家电网公司用电信息采集系统建设快速推进,远程信道主要采用 GPRS 无线公网通信方式,少部分采用光纤专网、230MHz 无线专网等其他通信方式。

2.1.2.1 无线通信

无线通信主要包括无线公网通信和无线专网通信两大类,由于当前电力无线专网建设严重滞后,因此无线公网是用电信息采集远程通信方式的主要选择。

无线公网通信指采用公共通信运营商建设的 GPRS、CDMA 等通信网络进行用电信息采集数据远程传输,具有覆盖范围广、永久在线、接入速度快、支持中高速数据传输、投入费用低、可按流量收费等优点,但无线公网通信方式的安全性、可靠性、实时性不高。目前用电信息采集系统中 96% 以上的远程通信通道都是采用无线公网的方式。

无线专网包括 230MHz 数传电台通信网络、新型 230MHz 无线宽带网络（LTE230）和 McWiLL、WiMAX 无线宽带网络等。

230MHz 数传电台通信网络是采用无线数据传输电台，利用 1991 年国家无线电管理委员会分配给能源行业的 230MHz 专用频点构建的专用无线通信系统，具有高安全性、高可靠性等特点，可满足低速率的传输需求。曾在电力负荷控制中得到普遍应用，目前主要用于专用变压器用户数据采集和电力负荷控制，在 18 个省电力公司仍有应用。

LTE230 通信方式是以第四代无线通信技术 TD–LTE 为核心，在电力专用的 230MHz 频率范围内，采用载波聚合、频谱感知等技术研发的新型电力无线宽带通信系统，具有频谱效率高、通信速率快的特点。可广泛用于配用电通信领域，目前在浙江海盐、江苏扬州、河北大厂等地有试点应用。

McWiLL 采用了智能天线、软件无线电、多载波传输和自适应调制等技术，在 1.8GHz 频段为行业客户提供多种满足不同层次需求的行业专网应用。可用于负荷控制、集中抄表等业务，目前在辽宁、重庆等地开展了示范应用。

WiMAX 是第三代移动通信技术，工作在 1.8GHz 频段，可用于用电信息采集远程信道，目前在辽宁大连、广东珠海有应用。

2.1.2.2　光纤通信

国家电网公司骨干通信网已基本实现光纤化，目前拥有光缆总长度超过 70 万 km，主要采用 OPGW、ADSS 和普通光缆。终端通信接入网主要采用 EPON 技术，目前已有超过 287 万户的应用，包括专用变压器用户和居民用户，提供了一个可靠、安全、大容量的通信专网。

2.1.2.3　电力线载波通信

中压电力线载波利用 10kV 架空线路或电缆进行数据传输，具有与配电线路同步到达用户，不需向运营商缴纳线路租用费用，专网专用安全性高的特点，作为用电信息采集远程信道，在辽宁阜新、河北廊坊等地有应用，主要用于公用变压器/专用变压器用户数据采集。

工频通信是一种特殊的电力线通信技术，利用电网电压和电流波形的微小畸变来携带信息，速率很低，但是可以穿越变压器，在国内应用较少，仅在河北保定、江西南昌和上海开展过试点应用。

2.1.2.4 有线电视通信网络

利用广播电视系统的有线电视通信网络作为用电信息采集远程通道，可充分利用公共通信网络资源，但受广播电视部门政策干预的影响较大，且各地有线电视通信网络的商业运营政策不统一，易受有线电视通信网络数字化双向通信改造进度的影响。应用起步较晚，目前在四川和山东有试点应用。

2.1.3 国外应用现状

国外的 AMI 远程通信基本以无线公网为主，部分采用光纤、无线、工频通信等专网技术实现用电信息远距离传输。

北美地区已建的 AMI 系统通信主要采用 GPRS、CDMA2000 等无线公网，或 WiMAX 无线专网，或双向工频通信技术，少量租用光纤通信。

在欧洲，AMI 系统尚未完全覆盖。法国、西班牙、英国等电力公司开展了少量应用，多采用 GPRS 无线公网方式实现远程通信。意大利的自动抄表发展较快，基本完成全国范围的覆盖，远程通道主要采用 GPRS 无线公网方式。英国成功开展了全球第一个通过"白空间（White Space）"网络采集智能电能表数据的项目。瑞典的 AMI 远程信道有 70%使用 GPRS、20%使用电话拨号、5%使用短波无线电，还有 5%使用光纤或铜缆专网。

澳大利亚 AMI 的远程通信主要采用 WiMAX、LTE 电力无线专网，或租用 3G 无线公网。

日本开发成功 920MHz 频段的无线多跳通信系统，用于 AMI 远程通信。

以 250mW 传输，通信距离可达 10km，在建筑物等障碍物多的城市街道，以 70mW 传输可实现半径约 150m 范围的直接通信。

韩国的 AMI 远程通信采用 WiBro（Wireless Broadband）无线宽带接入技术。WiBro 是韩国定义的标准，由三星电子与韩国电子通信研究院、SK 电信等共同开发，最终纳入 IEEE 802.16e 的 WiMAX 标准中。

2.2　无线公用通信网

2.2.1　技术简介

无线公用通信网（简称无线公网）是指由通信运营商建设和运行维护，主要为公众用户提供移动话音和数据服务的无线通信网络。无线公用通信网技术主要包括中国移动通信集团公司（简称中国移动）运营的 GPRS 和 TD–SCDMA 技术，中国电信集团公司（简称中国电信）运营的 CDMA 和 CDMA2000 技术，中国联合网络通信集团有限公司（简称中国联通）运营的 GPRS 和 WCDMA 技术。其中 GPRS 和 CDMA 属于第二代（2G）移动通信范畴，TD–SCDMA、CDMA2000 和 WCDMA 属于第三代（3G）移动通信范畴。目前无线公网的演进方向是第四代（4G）移动通信技术，主要有 TD–LTE 和 LTE–FDD 两类。我国已于 2013 年 12 月 4 日正式向中国移动、中国电信和中国联网颁发"LTE/第四代数字蜂窝移动通信业务（TD–LTE）"经营许可，标志着 4G 网络的正式商用化。

2.2.2　技术分类

无线公网通信技术目前主要使用 GPRS 和 CDMA，技术对比如表 2–1 所示。

表 2-1   无线公网通信技术对比

内容	GPRS	CDMA
通信速率（kbit/s）	20	53.6
在线情况	永久在线	永久在线或 远端唤醒
网络分布	覆盖所有地市	覆盖大部分地市
信道使用	与语音使用相同信道，易受干扰	专用载频和信道，不易受干扰
发展情况	技术成熟稳定	技术成熟稳定
电网应用	使用最多	使用较少
资　费	便宜	便宜

2.2.3 技术原理

2.2.3.1 GPRS 技术

在 GSM 移动通信的发展过程中，GPRS 是移动业务和分组业务相结合的第一步，也是采用 GSM 技术体制的第二代移动通信技术向第三代移动通信技术发展的重要里程碑。GPRS 通过利用 GSM 网络中未使用的 TDMA 信道，提供中速的数据传输，突破了 GSM 只能提供电路交换的思维方式，通过对现有基站系统进行部分改造来实现分组交换，使用户在数据通信过程中并不固定占用无线信道，实现对信道资源更高效地利用。

GPRS 和 GSM 共用相同的基站和频谱资源，只是在现有的 GSM 网络基础上增加一些硬件设备，同时对软件进行升级，就能够面向用户提供移动分组的、端到端的、广域的无线 IP 连接。

2.2.3.2 CDMA 技术

CDMA 是在数字移动通信发展进程中出现的一种先进的无线扩频通信技术，具有频谱利用率高、话音质量好、保密性强、掉话率低、电磁辐射小、容量大、覆盖广等特点，可以大量减少投资和降低运营成本。

CDMA 通信系统中，不同用户传输信息所用的信号不是靠频率不同或时隙不同来区分，而是用各自不同的编码序列来区分，或者说靠信号的不同波形来区分。如果从频域或时域来观察，多个 CDMA 信号是互相重叠的。接收机用相关器可以在多个 CDMA 信号中选出其中使用预定码型的信号。其他使用不同码型的信号因为和接收机本地产生的码型不同而不能被解调。

2.2.4　技术特点

GPRS 提供了一种高效、低成本的无线分组数据业务，特别适用于间断的、突发性的和频繁的、少量的数据传输，也适用于偶尔的大数据量传输。GPRS 经常被描述成 2.5G，也就是说这项技术处于 2G 和 3G 移动通信技术之间。GPRS 技术具有以下特点：

（1）基于 IP 协议，接口访问简单，传输速率高，理论上可提供最高 172.2kbit/s 的传输速率，但受网络和终端现实条件的制约，实际的传输速率基本在 20k～30kbit/s。

（2）存在转接时延。GPRS 分组通过不同的方向发送数据，最终达到相同的目的地，数据在通过无线链路传输的过程中可能发生一个或几个分组丢失或出错的情况。

（3）资源相对丰富，覆盖地域广。

与 GPRS 同为 2.5G 技术的 CDMA 版本是 CDMA 1X，具有以下技术特点：

（1）传输速率高，理论最高值为 307.2kbit/s，实际应用约为 53.6kbit/s，传输速率优于 GPRS。

（2）数据业务专用载频和信道，不与话音共用，网络稳定，不易受干扰。

（3）支持永久在线和远端唤醒。

（4）资源相对较少，覆盖地域逊于 GPRS。

无线公网通信存在以下不足：

（1）无线公网通信采用的全部是公共网络的信道和资源，容易导致数据的丢失和泄漏，影响信息系统的安全。

（2）无线公网通信首先要满足公共用户的语音业务使用，在节假日或话务"潮汐现象"时，无法保证数据通信的畅通，影响信息系统的实时性。

（3）无线公网的建设和运行维护全部由通信运营商提供，遇到局部地区通信质量差、覆盖盲点、边远地区无信号等问题时，电力企业缺乏主动权。

（4）通信运营商依据数据流量来计算无线公网通信的租赁费用，超出流量套餐部分的费用过高，容易造成经济损失。

2.2.5　工程应用

无线公网通信使用通信运营商建设的公共无线网络，电力公司不用自己建设无线网络，只需购买通信运营商的 SIM 卡或 UIM 卡，并开通数据业务，到现场安装通信模块即可实现数据传输，简单、方便。

从投资成本上看，主要投入为 SIM 卡或 UIM 卡费用和后续网络使用费用，一般采用包月包流量的计费方式，各地资费标准不统一。

基于信息安全方面的考虑，使用无线公网时必须设置独立的 APN/VPN，组建虚拟无线专网，从 IP 层予以隔离公网，使隧道外的公网 IP 与隧道内的 IP 无法互相访问，隧道内的 IP 互访也仅限于已授权的接入点。通信运营商需采用 IPSec、ACL、信息加密等技术保障公网承载信息的安全性。

无线公网通信设备连接如图 2-2 所示，工程应用中应该注意以下几点：

（1）与通信运营商对接的通信设备必须放置在隔离区，通过防火墙予以隔离。

（2）必须设置完善的身份认证体系，拦截非授权设备接入。

（3）应建立终端 IP 绑定机制，身份唯一识别。

（4）应建立终端 SIM/UIM 卡号认证体系，拦截非法 SIM/UIM 用户登录。

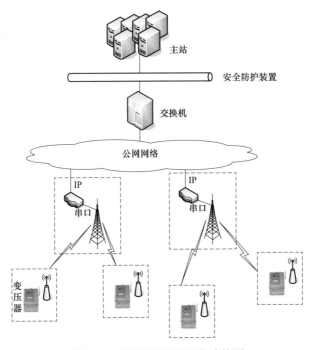

图 2-2　无线公网通信设备连接图

（5）应建立终端主叫识别机制，拦截非法指令。

2.2.6　发展趋势

无线公网是为社会公众提供通信服务的网络，随着经济社会的快速发展，无线公网的通信技术也将不断升级换代，提供更高的数据通信带宽。目前 3G 移动通信技术已经成熟并普遍应用，4G 移动通信技术也已经颁发了运营牌照，较早的无线公网通信技术将面临公众用户逐渐丧失的境地，加之设备寿命周期的原因，运行维护成本也日益提高。通信运营商将逐渐放弃这些早期技术，为目前广泛使用的 GPRS、CDMA 1X 等用电信息采集远程通信方式带来规模退役和升级的风险。

但在没有广泛覆盖的无线专网可用的情况下，无线公网仍将是用电信息采集远程通信方式的主要选择。

2.3　无线专用通信网

电力无线专用通信网（简称无线专网）是依托电力行业，为满足组织管理、安全生产、调度指挥等需要所建设的无线通信网络，该网络仅供电力行业内部使用，不对外提供经营服务。传统的电力无线专网一般指由微波通信、卫星通信等构成的专用骨干通信网。随着智能电网建设的不断推进，无线专网逐渐向配用电领域延伸，形成覆盖电力终端通信的接入网。电力终端无线通信接入网一般使用国家专门分配给电力部门使用的频率，或国家无线电管理部门允许行业专网应用的其他频率。

用电信息采集远程信道无线专用通信主要包括 230MHz 无线数据传输电台、Mobitex 等窄带通信技术，以及 LTE230、McWiLL、WiMAX 等宽带无线通信技术两类。

2.3.1　230MHz 无线数据传输电台通信技术

2.3.1.1　技术简介

根据国家无线电管理委员会国无管〔1991〕5 号《关于印发民用超短波遥测、遥控、数据传输业务频段规划的通知》，将 223.025M～235.000MHz 作为遥测、遥控、数据传输等业务使用的频段，其中分配给电力负荷监控系统使用的有 15 对双工频点和 10 个单工频点，从政策上保护了在 230MHz 频段采用无线数据传输电台（简称数传电台）构建的电力专用无线通信系统，是十分宝贵的频率资源。分配给电力行业使用的 230MHz 频点见表 2–2 所示。

表 2–2　　　　　　　分配给电力行业使用的 230MHz 频点

15 对双工频点			10 个单工频点
编号	主台频点（MHz）	属台频点（MHz）	频点（MHz）
1	230.525	223.525	228.075

续表

	15 对双工频点		10 个单工频点
编号	主台频点（MHz）	属台频点（MHz）	频点（MHz）
2	230.675	223.675	228.125
3	230.725	223.725	228.175
4	230.850	223.850	228.250
5	230.950	223.950	228.325
6	231.025	224.025	228.400
7	231.125	224.125	228.475
8	231.175	224.175	228.550
9	231.225	224.225	228.675
10	231.325	224.325	228.750
11	231.425	224.425	
12	231.475	224.475	
13	231.525	224.525	
14	231.575	224.575	
15	231.650	224.650	

使用数传电台需遵循国标 GB/T 16611—1996《数传电台通用规范》的要求，发射功率用于近距离（1000m 以内）操作时≤0.5W；设置在城区、近郊区时≤5W；设置在远郊区、野外时≤25W。

2.3.1.2　技术分类

230MHz 数传电台通信技术在电力负荷监控上的应用已经超过 20 年，到目前为止大体经历了 4 个发展阶段。数据传输速率从最早的 300bit/s 发展到目前的 19.2kbit/s，电台技术也从模拟发展到数字，组网从简单组网、宏蜂窝组网发展到微蜂窝智能组网。

2000 年以前基本采用模拟电台，通信速率在 1200bit/s 以下，FSK 调制，一点对多点通信方式简单组网。当时称为电力负荷监控系统，规模小，不需要频点复用，目前已基本淘汰。

2000 年以后数字电台开始获得广泛应用，传输速率提高到 2400bit/s，采用 MSK 调制、RS 纠错编码、宏蜂窝组网方式。

2004 年通信速率发展到 9600bit/s，信道编码采用 FEC 纠错和 CRC 检验。按照电力行业标准 DL/T 698.41—2010《电能信息采集与管理系统　第 4-1 部分：通信协议—主站与电能信息采集终端通信》数据采集需求，单频点基站的终端设备容量可超过 1000 台。

2008 年通信速率进一步提升为 19.2kbit/s 的设备开始系统应用，采用微蜂窝智能组网方式，较好地解决了系统容量的问题，单频点的终端设备容量超过 5000 台。但智能组网尚未进行标准化，致使不同生产厂家设备不能实现互联互通。

230MHz 数传电台通信在发展过程中，一直保持了良好的系统兼容性，目前应用的 19.2kbit/s 的智能组网系统中仍然可以兼容早期的 1200bit/s 的终端设备。

2.3.1.3　技术原理

230MHz 无线专网一般由数传电台和基站设备组成。早期的数传电台采用模拟电台加调制解调器方式来实现数据传输，通信速率一般在 1200bit/s 以下；目前采用的数字电台基于数字信号处理、软件无线电技术，具有前向纠错、信道均衡、软判决、多进制调制解调等功能，传输速率可达 19.2kbit/s 以上，具有场强测量、信道质量测量、登录入网管理、误码统计、状态告警等功能。

传统模拟电台的组网方式为一点对多点，基站设备功能较为简单，仅起到有线传输与无线传输的接口转换作用，无线侧只支持单一的窄带调制方式，有线侧通过电力骨干通信网接入用电信息采集主站系统，230MHz 无线专网传统模拟电台组网如图 2-3 所示。传统模拟电台组网需要事先进行场强测量和组网设计，以确定基站位置、高度，处理好无线干扰和同频干扰问题。

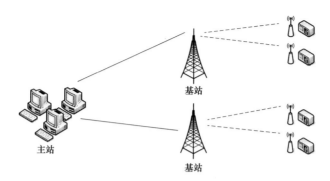

图 2-3　230MHz 无线专网传统模拟电台组网

数字电台支持智能基站，除具备普通基站的通信方式转换功能外，还支持智能组网、路由管理、终端接入管理、运行状态监测等功能。230MHz 无线专网智能基站组网如图 2-4 所示。

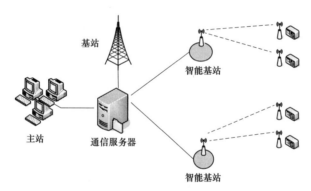

图 2-4　230MHz 无线专网智能基站组网

智能基站通过通信服务器接入用电信息采集主站，通信服务器具有通信网络管理功能，主要功能如下：

（1）管理终端的上线。对于可在多个基站上线的终端，优化配置其工作信道，保证通信系统稳定高效。

（2）根据运行工况，平衡各基站下终端的数量，获得最佳的通信效率和系统响应。

（3）进行通信和信道场强的测试和记录，动态构建基站覆盖范围，保证频点的高效复用。

（4）监视系统的信道干扰，采用分时技术和网络优化技术，避免同频干扰。

基于数字电台的 230MHz 无线专网系统采用终端中继技术进行了智能组网，实现对偏远郊区和城市地下室有效通信覆盖，目前支持 7 级智能中继。230MHz 无线专网智能中继组网如图 2-5 所示。

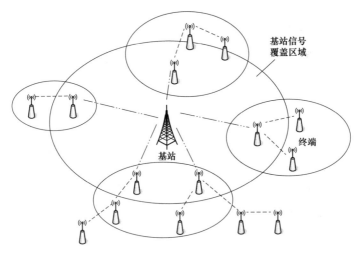

图 2-5 230MHz 无线专网智能中继组网

智能中继技术通过测量彼此的接收场强获得路由优化方案，包括以下功能：

（1）终端登录。终端在初始上电或在线一段时间内没有被主站召测过，主动发送登录报文，请求登录网络，实现信道质量测试、向基站和临近终端报告其存在。

（2）场强测量。基站和终端记录可保持通信临近终端的地址及相应接收场强，保存为邻居表。终端同时还测量、记录接收到基站信号的场强。

（3）路由优化。最佳路由是通过对场强信息进行处理，按通信质量指标对路由排序来确定。通过对单个终端路由优化，来使整体系统性能获得最优。

（4）路由自愈。对于充当智能中继的终端，一般会有多个可用路由，当通信链路中的终端通信异常时，可自动使用其他备用路由。

智能组网方式下，采用 TDMA 技术对 230MHz 信道进行时隙分割，将一个频点下的物理信道分为若干个逻辑信道。基站作为逻辑信道的管理者，负责对逻辑信道的分配，终端仅在其分配的逻辑信道上发送数据。分配给固定终端的时隙称为授权时隙，由授权时隙组成的时隙组称为非竞争时段。分配一组特殊的时隙给所有终端，该时隙组称为竞争时段。由竞争时段和非竞争时段组成一个通信过程。时隙分配由信标界定，一个完整的 TDMA 时隙结构如图 2-6 所示。所有终端在竞争时段中采用 CSMA/CA 协议进行授权时隙请求，实现有条件的主动上报。

图 2-6　TDMA 时隙结构

2.3.1.4　技术特点

230MHz 数传电台通信技术有如下优点：

（1）230MHz 频率的无线电波具有较好的穿透性和绕射能力，基站覆盖半径大，传输距离达数十千米以上，覆盖盲区少，通信质量高。

（2）建设周期短，维护简单。

（3）安全、可靠、实时性高。

目前存在以下不足：

（1）专网设备和安装成本较公网高。

（2）组网能力不足，可管理能力差。

（3）技术体制落后，频谱利用率低。

（4）无线通信易受天气、地形等干扰，影响通信成功率。

2.3.1.5 工程应用

230MHz 数传电台的基站和终端设备安装施工方便，特别是基站设备已经终端化，简单配置即可开通，与安装终端工作量相当。目前光纤网络已基本覆盖变电站和营业网点，为基站上联通道提供了安全、方便、可靠的链路。

2.3.1.6 发展趋势

230MHz 数传电台通信未来将向高速率、智能化、小型化方向发展，目前终端化基站和小型化电台模块已开始应用，小型化电台模块可以直接安装到 III 型专用变压器终端和集中器中。

近期在工程实践中出现一种新的融合通信方式，将 230MHz 数传电台和 GPRS/CDMA 双方进行技术优势互补的解决方案：下行信道使用 230MHz 数传电台，利用专网的安全可靠性传输控制指令；上行信道使用 GPRS/CDMA，解决数传电台速率低、单频点承载终端数量不足的问题。

2.3.2 Mobitex 通信技术

2.3.2.1 技术简介

Mobitex 是专为商业应用研发的无线窄带数据通信技术。Mobitex 作为一种专用数据网络，以蜂窝技术为基础，通过分组交换来实现高效率通信，适合于频发小数据量的实时传输，在许多行业都有应用。数据传输速率上、下行均为 8kbit/s，占用 12.5kHz 的空中信道。美国 Mbitex 网络一般运行在 900MHz，欧洲一般是 400MHz，传输距离一般在密集城区为 3km、郊区为 7km、农村为 16km。在我国可以使用电力专用 230MHz 频段作为 230MHz 数传电台的升级和替代，其缺点在于传输速率较低。

2.3.2.2 技术原理

Mobitex 无线专网中的信道为公共资源，系统中的用户共享信道资源。用户发送或接收信息不建立链路，只有当用户需要通信时才占用信道资源。

Mobitex 无线专网是一种分层集中控制系统，由终端、基站、交换机等
设备组成。基站通过路由器以 IP 的方式接入到骨干光纤网络，多个 Mobitex
基站通过骨干光纤网接入到 Mobitex 交换机，构成 Mobitex 无线专网。Mobitex
无线专网典型组网方案如图 2-7 所示。

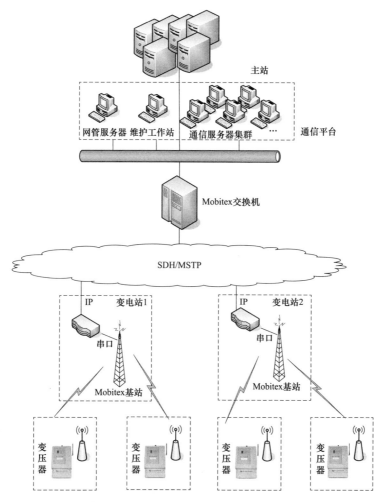

图 2-7　Mobitex 无线专网典型组网方案

2.3.2.3　技术特点

Mobitex 通信技术优点如下：

（1）使用包交换技术进行数据传输，而不是为每个用户建立一条专用通道，可显著降低网络的运营和维护成本。

（2）系统容量大，每个信道可承载 2500 个用户终端。

（3）可远程监控和管理整个网络，最大限度地减少了现场处理。

Mobitex 通信技术缺点如下：

（1）窄带系统，使用 2 个带宽为 12.5kHz 的信道作为上行链路和下行链路，数据传输速率只有 8kbit/s，不能承载大数据量传输业务。

（2）不支持终端中继，难以解决固定安装终端的无线通信盲区问题。

（3）由爱立信公司为主的企业联盟设计研发，国内企业无自主知识产权，设备成本较高。

2.3.2.4　工程应用

目前，仅河南焦作采用 Mobitex 通信技术作为用电信息采集系统远程信道部署了 5 个基站，覆盖焦作 5 个城区 289 台用电信息采集终端设备。

2.3.2.5　发展趋势

Mobitex 通信技术不仅可用于用电信息采集领域，也可用于配电自动化领域。由于在国内应用缺乏专用频率，Mobitex 通用技术近期在国内有移植到 230MHz 电力系统专用频点使用的趋势，已有少量应用。

2.3.3　TD-LTE 技术

2.3.3.1　技术简介

TD-LTE 是由我国的大唐电信科技股份有限公司（简称大唐电信）、华为技术有限公司（简称华为技术）、中兴通讯股份有限公司（简称中兴通讯）、中国移动等企业，以及阿尔卡特-朗讯、诺基亚西门子通信等共同开发的新一代宽带移动通信技术与标准，引入了 MIMO 技术与 OFDM 技术，使得通信性能和频谱效率有了大幅提高。TD-LTE 采用扁平化全 IP 网络架构，简化的网络架构可以大大降低用户面和控制面的延迟。基于 TD-LTE 的新型电力无线宽带系统，能够很好地满足智能电网的发展需求。

2.3.3.2 技术分类

原中华人民共和国信息产业部在 2003 年印发的信部无〔2003〕408 号文件《关于扩展 1800MHz 无线接入系统使用频段的通知》中，对于 1800MHz 时分双工（TDD）方式无线接入系统做出规定"对确有需要的本地专用网也可用于无线接入"，为将 TD–LTE 技术引入行业专网中应用提供了政策支持。文件同时规定"具体频率指配和无线电台站管理工作，由各省、自治区、直辖市无线电管理机构负责"，这意味着，电力行业可以根据实际需求向当地无委会申请专用频谱资源构建专用网络用于生产运营，但是频率指配权不统一使得行业应用无法实现全国统一频段。可使用的频段为 1785M～1805MHz 中的 5MHz 连续频段，由于频段非电力系统专用，需逐年向省级无线电管理部门申请频率确认，存在不被无线电管理部门确认的风险。系统覆盖相对较小（密集城区 1km，郊区 4km）、速率高、在有效覆盖范围内容量较大，适用于各类终端设备集中的通信业务。

我国将 223M～235MHz 频段的部分频率（见表 2–2）分配给电力行业使用，资源非常有限，并且比较离散，电力行业专用频率资源如图 2–8 所示。

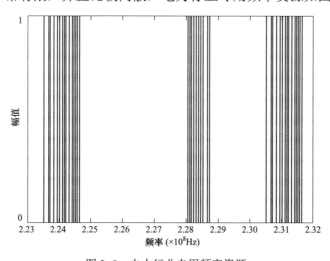

图 2–8 电力行业专用频率资源

电力行业专用频率离散地分布在民用短波频段上，分布区间为 8.125MHz，每个离散的频点带宽为 25kHz，共有 40 个子带。最低频点的子带为 223.525MHz，最高频点的子带为 231.65MHz。采用 TD–LTE 技术，通过载波聚合和频谱感知等手段，研发的 LTE230 新型电力无线宽带通信系统，为电力专用的 230MHz 频率传统应用注入了新的活力。可使用的频段为 1MHz 离散的频点，系统覆盖相对较广、容量大、安全性高、管理方便，是建设用电信息采集系统宽带专网先进适用的选择。

2.3.3.3 技术原理

OFDM 是 TD–LTE 的关键技术之一，其将整个频带分割成许多子载波，将频率选择性衰落信道转化为若干平坦衰落子信道，从而能够有效地抵抗无线传输环境中的频率选择性衰落。由于子载波重叠占用频谱，OFDM 能够提供较高的频谱利用率和较高的信息传输速率。通过给不同的用户分配不同的子载波，OFDMA 提供了天然的多址方式，并且由于占用不同的子载波，用户间满足相互正交，没有小区内干扰。该技术的应用，在增加系统可接入终端数量的同时可保证数据传输带宽，达到多用户、广覆盖的目的。

除 OFDM 外，LTE230 还采用了载波聚合、频谱感知、干扰协调等先进通信技术。

（1）载波聚合技术。由于国家分配给电力行业使用的 230MHz 频段为 40 个离散的频点，不利于进行无线宽带通信。LTE230 采用载波聚合技术，将离散的多载波聚合起来，当作一个较宽的频带使用，统一分配给用户，可使传输带宽数倍于窄带系统，进而达到宽带传输的效果。

（2）时分双工技术。针对用电信息采集系统上下行非对称数据传输的典型特性，LTE230 按照 TDD 方式进行设计，灵活进行上下行带宽配比，满足高上行比例行业应用需求。而传统数传电台通信系统采用 FDD 模式，需预先对上下行频点进行设定，造成系统灵活性下降。

（3）频谱感知技术。频谱感知指认知用户通过各种信号检测和处理手段来获取无线网络中的频谱使用信息。传统的静态的无线频谱管理方式使得部分频谱通常处于空闲状态，限制了频谱的使用效率。近几年提出的认知无线电技术旨在提高空闲频谱的利用率，满足日益增长的无线通信服务需求。认知无线电的核心思想就是通过频谱感知和系统的智能学习能力，实现动态频谱分配和频谱共享，频谱感知技术是认知无线电可靠工作的必要前提。

（4）干扰协调技术。对于 OFDM 系统，同一小区内的用户间干扰很小，小区内用户所受的干扰主要来自相邻小区。在同频组网时，相邻小区之间会存在相互干扰的情况，为保证相邻小区间的干扰降到最低，LTE230 系统通过干扰协调和抑制技术，保证全网系统容量最大，解决传统 230MHz 系统基站只能保证本地单基站容量最大，而全网容量很小的问题。

（5）软件无线电技术。采用软件无线电构架，通过将中频与基带软件化，LTE230 通信系统的频段带宽、接入方式、调制方式、信号处理模式均可以根据电力业务需求进行定制与演进。当增加授权频点或申请到额外频点时，可通过简单软件升级支持新频点进而实现系统扩容。

LTE230 电力无线宽带专网由核心网、接入网、终端以及网管系统组成。

（1）核心网。核心网用于业务数据传输和接入网的控制管理。利用电力骨干光传输网连接核心网与接入网，构建基于 IP 网络的业务平台。

（2）接入网。接入网提供无线覆盖，终端设备的接入控制等，由基站和终端通信模块组成。基站设备包括基带单元和射频单元两部分，基带单元放在机房，射频单元放在塔上，采用光纤拉远技术连接；多种型式的终端通信模块，可安装在集中器、采集器、专用变压器终端等采集终端中。

（3）网管系统。主要完成终端通信模块管理、故障实时监控，以及网络性能优化分析等功能。

LTE230 用电信息采集系统组网如图 2–9 所示。

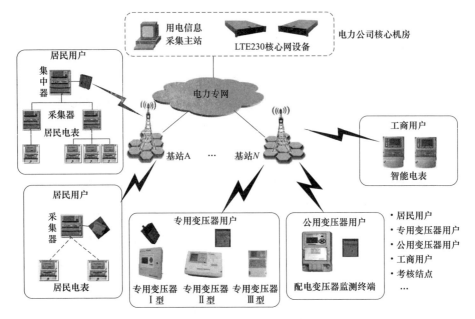

图 2-9 LTE230 用电信息采集系统组网

2.3.3.4 技术特点

使用 1800MHz 的 TD–LTE 电力无线专网技术直接自公网应用移植而来，没有针对专网进行实质性修改，其存在频率申请的不确定性、下行带宽高于上行带宽不适合行业专网应用、尚处于实验试用阶段等特点，此处不再对其进行详细讨论，详细内容请参考介绍电信应用的 TD–LTE 相关书籍。

LTE230 系统具有如下技术特点：

（1）实时响应、心跳检测。频谱效率大于 2.5bit/（s•Hz），接入设备采用载波聚合技术，使用 1MHz 带宽时，单小区上行吞吐量达 1.5Mbit/s，宽带终端设备上行峰值速率可达 1.76Mbit/s，同时系统可通过心跳监测，实现终端设备状态的实时监测及故障的主动上报。

（2）海量用户实时在线。高频谱效率及传输速率保证了海量终端用电信息的实时并发抄收。基站单扇区最高支持 2000 个无线终端，单基站最多支持 6000 个无线终端。无线终端一般安装在集中器、采集器和专用变压器终端中，若按照每台集中器下有 200 只智能电能表计算，每个基站可覆盖智能电能表约为 120 万只。

（3）抗干扰性能优。具有频谱感知能力，网络自动躲避干扰，在系统设计范围内搜索可用频谱；TDD 双工方式，频谱规划简单，上下行配比灵活调整。

（4）覆盖能力广。工作在 230MHz 频段，具有优秀的覆盖能力，理论计算和实际网络建设的经验都表明，在密集城区覆盖可达 3km、郊区覆盖可达 30km。由于频点低，具有较强的绕射能力，故阴影区域较少。

（5）信息安全性高。从系统设计、网络结构、用户安全等方面考虑信息安全需求，能够实现多级鉴权、数据加密、信令加密。同时系统支持用户端到端密码设备，保障用电信息的端到端加密传输。

（6）频谱适应性强。采用了频谱感知技术和认知无线电技术，基站感知上行信道，通信终端负责感知下行信道并汇报感知结果，使得 LTE230 系统可与传统 230MHz 数传电台共存，系统产生的杂散辐射满足国家无线电管理要求。

2.3.3.5　工程应用

目前 LTE230 无线专网已经在浙江海盐、江苏扬州、河北大厂以及北京、广州、深圳等多地进行了试点应用，主要承载专用变压器采集、负荷控制和用电信息采集远程通信业务。

在 LTE230 无线专网建设过程中，重点工作是现场基站的选址和建设。与公网建设一样，基站的建设影响到系统的通信速率和终端数量，因此在建设过程中需要按照以下步骤进行：

（1）现场无线环境扫频。使用扫频仪对现场的无线信号环境进行分析，查找有无强干扰源，并选取可用的基站站址。

（2）仿真规划。使用仿真软件对选取的站址进行无线信号覆盖的仿真运算，制订切实可行的无线系统建设方案。

（3）基础建设。根据无线系统建设方案进行前期的基础设施建设，包括基站铁塔或抱杆的建设、光纤铺设、机房建设等工作。

（4）设备安装及系统调试。无线系统设备的安装，并根据实际覆盖需求、小区规划要求等进行无线系统的调试工作。

2.3.3.6 发展趋势

国家电网公司正在组织研究适用于用电信息采集系统应用的 LTE230 技术标准。中国通信标准化协会行业标准《230MHz 频段宽带无线数据传输系统的射频技术要求》也已完成立项，相关型式试验和入网测试已相继开展。相信随着标准化进程的展开以及专用芯片的开发完成，LTE230 将迎来电力行业应用更加美好的春天。

现阶段的 TD-LTE 无线宽带专网通信系统经过几年来的研究和改进，实现了电力无线专网通信技术的突破。目前系统支持多终端形态，实时图像、数据采集、负荷控制等业务，下一步将支持现场应急指挥、移动终端、群组语音、集群调度指挥、实时语音与视频等功能，进一步支持多业务融合，深度定制电力业务。

2.3.4 McWiLL 技术

2.3.4.1 技术简介

McWiLL 是 SCDMA 无线接入技术的宽带演进版。2009 年 6 月工业和信息化部批准《1800MHz SCDMA 宽带无线接入系统空中接口技术要求》为通信行业标准（YD/T 1956—2009），于 2009 年 9 月起实施。McWiLL 立足于新型本地专网，为行业客户提供多种满足不同层次需求的行业专网应用，具有系统容量高、速率快、终端形式丰富等特点。在山东、辽宁、宁夏、重庆、江苏、安徽等省电力公司农村中低压配电网信息化建设中进行了应用探索。

2.3.4.2 技术原理

McWiLL 采用了 CS-OFDMA（码扩正交频分多址接入）、增强型智能天线、软件无线电、自适应调制编码、动态信道分配等关键技术。

（1）CS-OFDMA。CS-OFDMA 是 SCDMA 与 OFDMA 技术的有机融合。这种融合的多址技术既能克服传统 CDMA 系统在宽带数据传输时由扩展频谱引起的严重码间干扰，又可以有效对抗频率选择性衰落和相邻小区的干扰，从而实现窄带语音和宽带数据的可靠传送，使系统获得了高频谱效率、抗衰落、抗多径等综合性能优势。

（2）增强型智能天线。在 SCDMA 系统智能天线技术的基础上，McWiLL 采用增强型空间零陷等优化方案，能够自适应地将无线电信号导向期望的方向，使天线主波束对准接收用户，同时将零陷对准其他小区用户，从而降低外泄干扰强度。McWiLL 增强型智能天线能选择性地接收用户信号并删除或抑制干扰信号。如果在某方向探测到一个干扰源，系统就会在此方向产生一个零陷，从而使接收信号质量最佳化。McWiLL 的增强型零陷技术大大提高了系统抗干扰能力，可以抑制比信号最多强 20dB 的干扰。

（3）软件无线电。在 McWiLL 系统中，基站、用户终端的射频收发机与基带电路的接口是高速 A/D 或 D/A 变换器，全部基带信号的处理是在数字信号处理器中由软件完成的。当基于软件无线电开发新设备时，只需进行软件修改。这样就减少了设计、制造和测试时间，从而使产品更快上市。

（4）自适应调制编码。现实中的无线通信环境都是多种多样且随时变化的。为了能在这样的环境下实现数据信号的正确传输，可采用自适应调制方式，自动检测信道质量，通过改变信道的调制方式来动态调整传输速率，以适应不同的传输环境和干扰波动。根据信道质量进行动态调制可以使系统的吞吐量最优化。

（5）动态信道分配。智能天线技术在抗干扰方面的新突破和 McWiLL 多址方式使 McWiLL 系统对相邻小区同频干扰有很强的抵御能力。但是，在某种特殊场合，两个用户的空间特征相差细微，并用相同的频点，这时，需要用动态信道分配来重新分配其中一个用户的频点，以避免相邻小区同频干扰。

McWiLL 网络由核心网络层和接入网络层组成：

（1）核心网络层。McWiLL 网络利用已经建设的 IP 数据网络作为骨干传输链路，构建基于 IP 网络的语音数据综合业务平台。

在网络中，McWiLL 基站与网络通过 IP 网络连接，通过终端可以访问现有的办公网络和生产自动化系统平台；视频监控平台也可以为现有的视频服务平台提供视频图像的转发存储等服务。

（2）接入网络层。接入网络层由基站和终端组成，基站提供 RJ45 以太网接口，连接信息系统 IP 网络交换机。基站可以通过 VLAN 标签完成业务流和网管流的分离，以便于业务的隔离和管理，保证系统的安全性。

对于终端的数据传输和视频等服务，终端设备与基站之间建立基于 McWiLL 网络的无线透明桥接，将数据业务透明传输至 IP 有线网络。

典型的 McWiLL 网络拓扑如图 2-10 所示。

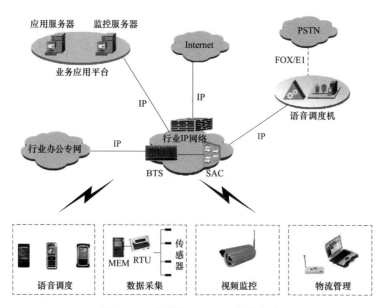

图 2-10　典型的 McWiLL 网络拓扑

2.3.4.3 技术特点

McWiLL 具有以下优点：

（1）高带宽。基站在 5MHz 带宽上单扇区容量达到 15Mbit/s，三扇区设置可以提供 45Mbit/s 容量。

（2）宽带数据与窄带语音融合。解决了宽带无线数据通信基础上的窄带语音通信，既实现语音电话业务又实现数据上网业务，可以很好的满足行业用户的数据传输和语音调度服务。

（3）支持同频组网。采用了增强零陷、动态信道分配等新技术，使得系统具有良好的抗同频干扰能力。

McWiLL 具有以下不足：

（1）市内覆盖不理想，在城区的覆盖只有约 1km。

（2）仅有一些试验频段，正式商用的频率申请难度大。

（3）依靠应用层保证不同业务的优先级和时延要求，服务质量受到一定影响。

（4）在电力行业应用相对较少，产品供应商单一，大规模推广有一定的风险。

2.3.4.4 发展趋势

McWiLL 已在电信、石油、水利、应急等多个领域成功大规模组网，满足中低压配电网信息化建设中对无线通信系统广覆盖、高带宽、多业务、易操作、安全可靠的要求，有能力支持中低压配电网宽带无线通信系统的建设。可用于配电变压器监测、负荷管理、用电信息采集、远程视频监控、智能巡检管理、电力调度指挥、电力应急通信等领域。

2.3.5 WiMAX 技术

2.3.5.1 技术简介

WiMAX 是一项基于 IEEE 802.16 标准的宽带无线接入城域网技术，数据传输距离最远可达 50km。2007 年 10 月 19 日，国际电信联盟在日内瓦举行无线通信全体会议，经过多数国家投票通过，WiMAX 正式被批准成为继 WCDMA、CDMA2000 和 TD–SCDMA 之后的第四个全球 3G 标准。WiMAX 具有 QoS 保障、传输速率高、业务丰富多样等优点。

2.3.5.2 技术原理

WiMAX 可以在固定和移动的环境中提供高速的数据、语音和视频等业务，兼具移动、宽带和 IP 化的特点。其技术起点较高，采用了代表未来通信技术发展方向的 OFDM/OFDMA、MIMO 等先进技术，基于 IP 分组交换网络架构，可以无缝地融入行业专网。

（1）OFDM 和 OFDMA 技术。在未来的物理层技术演进中 OFDM 和 OFDMA 仍然是主要的关键技术之一。

OFDM 的主要思想是将信道分成若干正交子信道，将高速数据信号转换成并行的低速子数据流，调制到每个子信道上进行传输。正交信号通过接收端采用相关技术分开，可以在一定条件下减少子信道间干扰。每个子信道上的信号带宽小于信道的相关带宽，因此每个子信道可看作平衰落信道，从而消除了符号间干扰。由于每个子信道的带宽仅仅是原信道带宽的一小部分，信道均衡变得相对容易。OFDM 作为保证高频谱效率的调制方案已被一些规范及系统采用，将成为新一代无线通信系统中下行链路的最优调制方案之一，也会和传统多址技术结合成为新一代无线通信系统多址技术的备选方案。

在 OFDMA 系统中，用户仅仅使用所有的子载波中的一部分，如果同一个帧内的用户的定时偏差和频率偏差足够小，则系统内就不会存在小区内的干扰，比 CDMA 系统更有优势。由于 OFDMA 可以把跳频技术和 OFDM 技术相结合，因此可以构成一种更为灵活的多址方案，此外由于 OFDMA 能灵活地适应带宽要求，可以与动态信道分配技术结合使用来支持高速的数据传输。在未来的物理层技术演进中，OFDMA 仍然会作为一种非常重要的关键技术继续保留。

（2）MIMO 技术。频率资源的使用是有限的，无论在时域、频域还是码域上处理信道容量均不会超过山农限。多天线的使用使得不同用户的信号可以用不同的空间特征来表征，使得空域资源的使用成为可能。空域处理可以在不增加带宽的情况下成倍地提升信道容量，也可以改善通信质量、提高链路的传输可靠性。

MIMO 技术主要有两种表现形式，即空间复用和空时编码，这两种形式在 WiMAX 协议中都得到了应用。MIMO 技术能显著地提高系统的容量和频谱利用率，可以大大提高系统的性能。

2.3.5.3　技术特点

（1）频谱利用率高。采用 OFDMA 空中接口物理层技术，使频谱利用率大大提高。同时可支持非视距通信和无缝覆盖，可以建设大规模的网络。

（2）业务接入能力强。作为一种点对多点的宽带无线接入系统，可以与现有网络实现互联互通，同时具有 IP 业务、互联网接入、局域网互联、IP 话音、热点地区回程等业务接入能力，它提供了一个可靠、灵活并且经济的平台。

（3）升级维护方便。适应于多种频率分配情况，新增扇区简易、灵活的信道规划使容量达到最大化，允许运营商根据用户的发展随时扩容网络。

2.3.5.4　发展趋势

受制于频谱和政策问题，WiMAX 在中国的发展面临多重挑战。在我国没有国家批复的专用频谱资源，国内有在 1785M～1805MHz 频段的 5MHz 带宽上开展电力无线宽带专网实验，速率可达 19Mbit/s。由于工作频率较高、覆盖能力较弱、组网成本较高，该系统为国外技术，在国内没有政策支持，故不适用于国内的电力应用。

2.4　光 纤 通 信 技 术

目前，电力通信传输网已形成以光纤通信为主，微波、载波、卫星等多种传输方式并存的局面。随着光纤通信技术的不断发展，各级电力光传输网络已经实现了互联互通，电网通信系统的传输交换能力、抵御事故能力、业务支撑能力、网络安全可靠性和运行管理水平得到全面提升。电力通信骨干网已基本实现光纤覆盖，一般采用 SDH 组网技术。

电力终端通信接入网由 10kV 通信接入网和 0.4kV 通信接入网两部分组成，分别涵盖 10kV（含 6kV、20kV）和 0.4kV 电网。用电信息采集系统远程通信属 10kV 通信接入网，光纤接入专网通信方式主要以无源光网络（PON）技术为主。

用电信息采集远程通信采用光纤专网，宜选取具有光缆资源的区域，这样不仅可节省建设成本，更有利于快速稳定地实现用电信息采集，为实现营销费控、需求侧管理等业务提供数据通道。

2.4.1 技术简介

无源光网络是指光分配网中不含有任何电子器件及电子电源的光接入网，也就是光分配网是全部由无源光元件（如光纤光缆、光连接器和光分路器等）组成的、呈树形或分支结构的纯无源光配线网。

无源光网络技术是一种点到多点的光纤接入技术。无源光网络结构如图 2-11 所示，它由局侧的 OLT、用户侧的 ONU 以及光分配网络 ODN 组成。

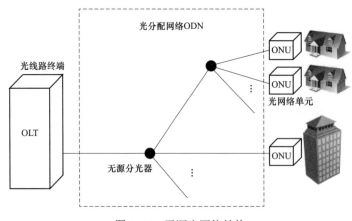

图 2-11　无源光网络结构

2.4.2　技术分类

以太网无源光网络（EPON）、吉比特无源光网络（GPON）是目前 PON 技术的主流方式。采用 EPON 技术作为接入网进行用电信息采集已具有较大规模试点。

（1）以太网无源光网络。EPON 技术基于 IEEE 802.3ah 标准，支持 10km 和 20km 两种最大传输距离和双向对称 1Gbit/s 以太网速率，最大分光比为 32 路，采用波分复用技术实现单纤双向传输。

与 GPON 技术相比，EPON 协议简单，对光收发模块的技术指标要求低，所以系统成本相对较低。由于成本较低、速率高、扩展性好、对数据业务的适配效率高，能够以较低成本高效率地传送 IP 业务，实现了设备芯片级和系统级互通，EPON 成为目前光纤接入的主要实现技术之一，组网成本大幅下降，已经大规模部署。

（2）吉比特无源光网络。GPON 技术基于 ITU-T G.984.x 系列标准，可以支持 622Mbit/s、1.25Gbit/s 和 2.5Gbit/s 上下行对称或非对称速率，支持的最大分光比可达 64 甚至 128。

与 EPON 技术相比，GPON 技术具有传输速率高、业务承载效率高、网管功能和扩展能力强等特点，具有较好的发展前景。

（3）10G EPON 技术。10G EPON 技术构建于 EPON 标准基础之上并加以发展，使 EPON 与 10G EPON 系统能够通过粗波分复用（CWDM）以及时分多路复用（TDM）技术相结合，在同一 PON 上实现共存，是 EPON 的技术演进。

10G EPON 的标准为 IEEE 802.3av，专注于物理层技术的研究，最大限度沿用 EPON 的 IEEE 802.3ah 的协议，具有很好的继承性。IEEE 802.3av 标准的核心有 2 点：① 扩大 IEEE 802.3ah 标准的上下行带宽，达到 10Gbit/s 速率。② 10G EPON 标准有很好的兼容性，其 ONU 可以与 1G EPON 的 ONU

共存在一个 ODN 中，最大限度保护运营商投资。10G EPON 可以支持 32 路分光比。

2.4.3　技术原理

PON 由 OLT、ODN、ONU 组成，采用单纤波分复用技术实现单纤双向传输，下行波长 1490 nm，上行波长 1310 nm。下行数据采用广播方式，所有 ONU 都能收到相同的数据，通过 ONU ID 来加以区分，只接收属于自己的数据；上行数据采用 TDMA 方式，将链路划分成不同的时隙分配给每个 ONU，ONU 在自己的时隙发送数据，不会为了争夺时隙而产生冲突。作为 PON 系统的核心功能设备，OLT 具有集中带宽分配、控制各 ONU、实时监控、运行维护管理 PON 系统的功能；ONU 为接入网提供用户侧的接口，提供话音、数据、视频等多业务流与 ODN 的接入，受 OLT 集中控制。ODN 是采用多种分路数和分路比的分光器件实现的各种拓扑结构的纯光网络，连接 OLT 和 ONU。PON 逻辑图如图 2-12 所示。

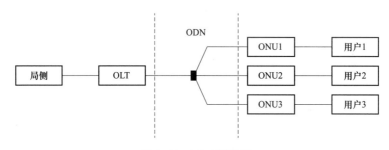

图 2-12　PON 逻辑图

IEEE 802.3ah 标准中定义了 EPON 的物理层、MPCP、OAM 等相关内容。IEEE 制定 EPON 标准的基本原则是尽量在 IEEE 802.3 体系结构内进行，最小程度地扩充标准以太网的 MAC 协议。这就最大程度地继承了以太网经过长期、大规模实践检验积累下来的宝贵技术经验。MPCP 主要处理 ONU 的发现和注册，多个 ONU 之间上行传输资源的分配、动态带宽分配，统计复用的 ONU 本地拥塞状态的汇报等。EPON 具有同时传输 TDM、IP 数据和视频广播的能力，其中 TDM 和 IP 数据采用 IEEE 802.3 以太网的格式进行传输，辅以电信级的网管系统，足以保证传输质量。通过扩展第三个波长（通常为 1550nm）即可实现视频业务广播传输。

GPON 标准提供 QoS 的全业务保障，有很好的提供服务等级、支持 QoS 保证和全业务接入的能力。GPON 标准规定了在接入网层面上的保护机制和完整的 OAM 功能，还明确规定需要支持的业务类型包括数据业务、PSTN 业务、专用线和视频业务。

GPON 和 EPON 的主要区别在于采用完全不同的标准。在应用上，GPON 比 EPON 带宽更大、业务承载更高效、分光能力更强，可以传输更大带宽业务，实现更多用户接入，更注重多业务和 QoS 保证。但实现更复杂，导致 GPON 成本相对 EPON 也较高，但随着 GPON 技术的大规模部署，两者成本差异在逐步缩小。

2.4.4　技术特点

PON 的技术优势体现在以下几方面：

（1）传输距离远。最大可达 20km 左右。

（2）通信容量大。高于 1Gbit/s，有较强的多业务接入能力。

（3）组网灵活。拓扑结构可支持树型、星型、总线型、混合型、冗余型等网络拓扑结构，适合配电网的树型或总线型网络结构。

（4）光分路器为无源器件，设备的使用寿命长，工程施工、运行维护方便。

（5）可抗多点失效，安全可靠性高。任何一个终端或多个终端故障或掉电，不会影响整个系统稳定运行。

（6）带宽分配灵活，服务有保证。

PON 技术以其高速率、长距离、多业务等特点在电力通信专网建设中得到广泛应用。但其工程量较大，且敷设光缆在一定程度上依赖杆塔、沟道等资源条件，对于采用直埋电缆方式供电的区域，工程实施难度大。若 PON 网络仅用于用电信息采集，资金压力大。

另外，由于当前的电力终端中，还存在大量 RS–485/RS–232 串行端口，因此电力行业使用的无源光网络 ONU 设备除具备传统的以太网接口外，还需要具备串行端口。

2.4.5 工程应用

用电信息采集主站系统和变电站、开关站等站点之间基本已建成 SDH 光纤骨干网。用电信息采集系统远程通信光纤专网建设的重点是 PON 光纤接入网，将光纤专网从变电站、开关站等重要站点向下延伸至开闭所、环网柜、开关柜和台区变压器等处，放置 ONU 和集中器。OLT 放置方式比较灵活，可以根据情况选择放置在变电站，也可以向下延伸放置在开闭所，这样可以进一步拓展 PON 网络的覆盖范围。用电信息采集 PON 接入网结构示意图如图 2–13 所示。

2.4.5.1 组网结构

PON 常见的工程施工组网结构有星型、单链及树状、环状和"手拉手"型结构。

（1）星型结构。当 OLT 与 ONU 之间按一点对多点配置，即每一个 OLT 与多个 ONU 相连，中间设有一个光分路器时就构成星型结构。其优点是跳接少，减少了光缆线路全程的衰减和故障率。星型结构如图 2–11 所示。

（2）单链及树状结构。有些配电网络呈链型及树状结构，如图 2–14 所示。ODN 设计为多级级联网络，但是受光功率预算影响，级联数量受到限制。为避免在发生线路故障时影响范围扩大，在纤芯允许的条件下，可适当减少分光器级数，简化网络。这样不但可以获得比较好的系统光功率设计指标，还可以提高 ODN 网络的可靠性，同时也为今后站点的扩容预留足够的

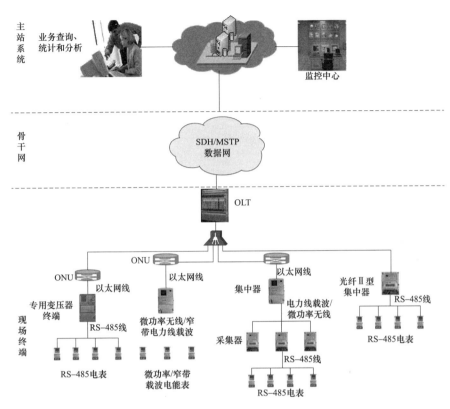

图 2-13 用电信息采集 PON 接入网结构示意图

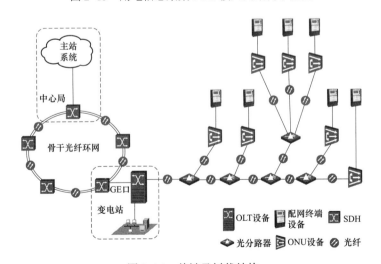

图 2-14 单链及树状结构

光功率。

（3）环状结构。有些配电网呈现环状结构，如图 2–15 所示。环状结构的 PON 网络，从同一变电站的两个不同方向需要两条光缆路由，ONU 具备双 PON 口。优点是能够实现双 PON 口保护，在任一点光缆中断时仍能保证正常通信。

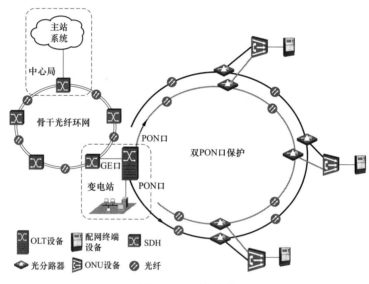

图 2–15　环状结构

（4）"手拉手"型结构。在具备"手拉手"结构的配电线路上，可以实现电力通信网络的"手拉手"结构全光保护，ONU 具备双 PON 口，"手拉手"型组网结构如图 2–16 所示。全光纤保护倒换结构的优点为能对 OLT 设备的失效进行保护，ONU 上行选择主用 OLT，当主用 OLT 失效时，ONU 倒换到备用 OLT。

2.4.5.2　应用场景

PON 常见的工程施工组网结构有链型、环型和"手拉手"型，目前在用电信息采集光纤接入网方案中常用的组网结构是树型结构。

根据 ONU 所处位置的不同，PON 的应用模式又可分为光纤到台区、光

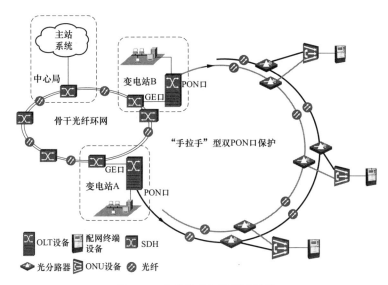

图 2-16 "手拉手"型组网结构

纤到表两种模式。

（1）光纤到台区模式。ONU 可与集中器放置于开闭所、环网柜、开关柜和台区变压器等处，集中器通过网口或者串口连接 ONU 设备。OLT 的放置方式比较灵活，可以根据情况选择放置于变电站，也可以向下延伸放置于开闭所，进一步拓展 EPON 网络的覆盖范围。光纤到台区模式组网结构如图 2-17 所示。

（2）光纤到表模式。随着光通信成本的逐步降低，光纤复合电缆技术的出现，OLT 可进一步下放于居民小区机房，ONU 或内嵌 ONU 模块的 Ⅱ 型集中器放置于楼宇电表箱内，通过 RS-485 总线串接电能表进行用电信息采集。光纤到表模式组网结构如图 2-18 所示。

光纤专网建设成本较高，但其高可靠性、高带宽的特性，使其可用于用电信息采集、配电自动化以及分布式电源、电动汽车充电设施接入等新型智能电网业务，也很容易实现电力光纤到户，从而拓展增值业务。为节省建设成本，充分利用光纤通道带宽资源，应根据通信网规划建立多业务共用的光

图 2-17 光纤到台区模式组网结构

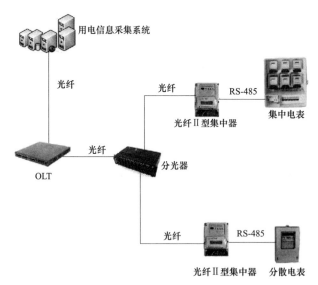

图 2-18 光纤到表模式组网结构

纤接入网，发挥网络综合效益。

2.4.6　发展趋势

远程通信方式采用无源光网络接入后，不仅可以实现费控、需求侧管理等营销业务，还可作为公司其他部门业务传输通道，具有很强的实用性与扩展性。

用电信息采集通信采用光纤接入看重的是其高可靠性，而不是高带宽。EPON 产品在标准化与产业链方面已经具备了相当好的成熟性，电力企业已经制定完成相应的企业标准和行业标准，补充了对串行接口的要求。相比较 GPON 技术而言，EPON 技术价格更低，且带宽足够满足电力行业应用，已开展了规模采购，因此在电力行业获得广泛应用。

在全球信息化的大背景下，宽带接入技术发展迅速，EPON 技术和 GPON 技术在不久即会出现新的带宽"瓶颈"，10G EPON 技术应运而生。EPON 技术可通过一键升级平滑演进到 10G EPON，实现对前期 EPON 投资的保护。

2.5　中压电力线载波通信技术

2.5.1　技术简介

中压电力线载波通信技术是在 10kV 或 35kV 中压电力线路上，加载经过调制的高频载波信号进行通信。中压电力线载波是电力系统特有的通信技术，网络结构和电网拓扑一致。在用电信息采集系统中，中压电力线载波可以作为采集终端或集中器至变电站的远程通信通道。中压电力线载波组网结构如图 2-19 所示。

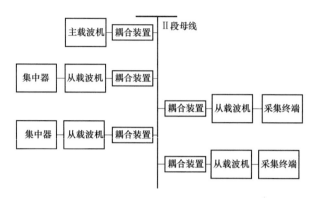

图 2-19 中压电力线载波组网结构

2.5.2 技术分类

按照使用频率范围来划分，可分为使用 500kHz 以下频率、速率低于 1Mbit/s 的窄带通信和使用 2M～30MHz 频段、速率高于 200Mbit/s 的宽带通信。

中压电力线宽带载波通信技术一般使用 OFDM 调制技术，通信距离较短，架空线路通信距离为 2km 左右。载波机使用以太网接口，支持网管功能。采用带冲突检测/退让算法的随机发送机制，提高了传输效率。

中压电力线窄带载波通信技术一般采用 FSK 或 PSK 调制技术，速率可达 150～2400bit/s。近年来也有采用 OFDM 调制技术的产品问世，速率可达 100kbit/s。通信距离较长，架空线路通信距离可达 10km。载波机一般为串行接口，不支持网管功能。工作方式主要为轮询式，主载波机轮流和各个从载波机通信，完成数据收集工作。

2.5.3 技术原理

电力线载波通信发送数据时，发送侧的载波通信设备先将数据调制到一个高频载波上，再经过功率放大后通过信号耦合装置注入到电力线上。此高频信号经线路传输到接收侧，载波通信设备通过耦合装置将高频信号分离出来，滤去干扰信号后放大，再经解调电路还原成二进制数字信号完成通信过程。载波通信设备通过耦合器与电力线路的结合，由耦合器完成强电与弱电的隔离。中压电力线载波传送原理如图 2-20 所示。

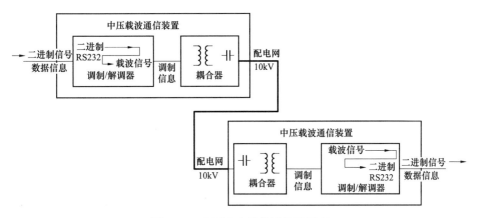

图 2-20　中压电力线载波传送原理

相对低压电网，中压电力线载波通信信道受干扰相对较小，但中压电网仍然是电能传输网络，具有对弱电信号造成干扰和损失的特性，例如在某些频带和频点出现深度衰减、远端阻抗极小以至于无法提取信号等。

2.5.4　技术特点

由于中压电力线路机械强度高、可靠性好，不需要线路的基础建设投资和日常的租借费用，因此电力线载波通信具有较高的经济性和可靠性，在电力系统发挥了重要作用。

电力线载波通信具有如下的特点：

（1）采用电力线路作为通信介质，无需布线，节省通道投资。

（2）电力系统特有专用网络，不需缴纳运行或租用费用。

（3）中压电力线载波通信技术标准化程度低，缺乏大规模应用。

（4）线路噪声、阻抗变化、衰减大且具有时变性，带来巨大技术挑战。

2.5.5 工程应用

辐射状供电线路是典型的树状网络，从变电站以树状方式出线。辐射状供电网络的载波通信组网采用以变电站为中心，在变电站的出线端安装主载波机，沿着出线安装相应的从载波机，这样就实现了"一主带多从"的载波通信网络，中压电力线载波通信典型建设方案如图 2-21 所示。主载波机通

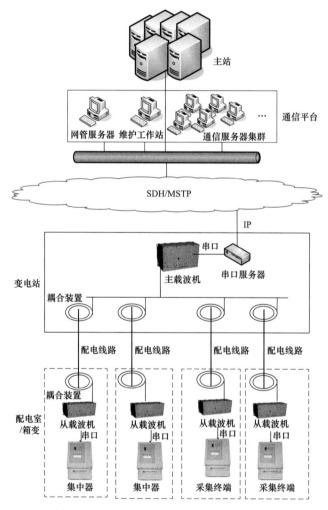

图 2-21 中压电力线载波通信典型建设方案

过串口服务器或者以太网口实现以 IP 方式接入骨干光纤网，主站系统也同样通过 IP 的方式接入到骨干光纤网中，通过从载波机采集上来的数据就可以通过 IP 的方式与主站建立通信。

2.5.6　发展趋势

面向智能电网应用的新一代智能载波通信技术已经成为目前载波通信发展的方向，也是目前国内外载波通信领域的研究热点。这些研究均致力于解决目前中压电力线载波通信技术在应用中遇到的技术"瓶颈"。

新一代面向智能电网的载波通信技术具有高可靠、自适应、自组网、高速率、远程管理的特征，将满足包括高级配电自动化、电动汽车充电控制、分布式电源接入控制等实时性业务的要求，满足用电信息采集等电网与用户双向交互业务的需求。

2.6　有线电视通信网

2.6.1　技术简介

有线电视通信网是由广播电视部门管理的通信网络，传统上是广播型线性音视频节目的传输载体。2010 年以后有线电视通信网络逐步完成了数字化、双向通信改造工作，除了支持大量的数字广播频道之外，还支持语音、视频和数据通信业务。改造后的有线电视通信网络采用光纤和同轴电缆混合组网，骨干网采用以太网无源光网络，入户多采用同轴电缆。目前广播电视部门加强了有线电视通信网络的商业化运营，应用范围包括居民宽带上网、企业虚拟专网、OSD 信息发布等。

当前有线电视通信网络的光纤基本已经接入到居民小区楼内，同轴电缆距离电表箱较近，可以作为用电信息采集终端的通信通道。广播电视部门专门在有线电视通信网络内为企业开通了虚拟专网，带宽有保证，传输的信息不受传输距离的限制，传输通道干净、无杂波干扰、传输延迟小、丢包率低。

2.6.2 技术原理

与无线公网方式类似，通过在有线电视通信网中开设虚拟企业专网的方式来保障网络传输的带宽和安全性。基于有线电视通信网络的用电信息采集系统结构图如图 2-22 所示。省电力公司机房与广电网络公司机房之间通过光纤专线相连，用电信息采集终端通过以太网接口接入有线电视网络，从而构筑起基于有线电视通信网络的用电信息采集系统。

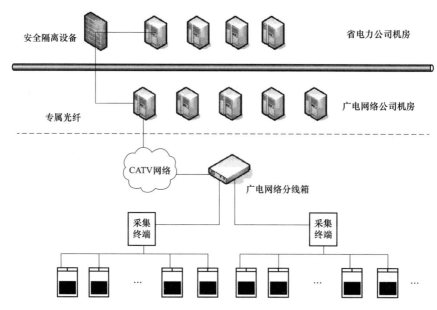

图 2-22　基于有线电视通信网络的用电信息采集系统结构图

2.6.3 技术特点

利用有线电视通信网络开展用电信息采集，具有以下技术特点：

（1）覆盖面广。有线电视通信网络已经实现了城市区域全覆盖，是已经入户的线缆。

（2）初始投资低。仅需投资建设用电信息采集终端，并与有线电视通信网络对接即可，由广播电视部门开展日常维护。

（3）采集终端安装便捷。广播电视部门的同轴电缆或光纤距离用电信息采集终端较近，避免了大量预布线。

2.6.4　工程应用

采用有线电视通信网络作为远程通道开展用电信息采集系统建设，要求有线电视通信网络已经完成数字化、双向化改造。目前在山东、四川等省开展了试点应用。山东方案的特点是直接将用电信息采集终端与进入居民小区的光纤线路通过以太网接口对接，与使用电力光纤专网类似。四川方案的特点是用电信息采集终端通过同轴电缆接入，两者间距离更近。

2.6.5　发展趋势

从已经开展的试点来看，广播电视通信网络企业虚拟专网的租赁费用低于无线公网的价格，且信道稳定、带宽高，有一定的成本优势。但广播电视部门市场化程度低，各城市网络各自独立，尚未形成统一的省级网络，缺乏全国统一的合作主体，需要各城市分别商谈合作模式。非电力专用通信网络，还需要重点关注信息安全问题。

未来，电网企业与广播电视部门合作，利用有线电视通信网络不仅可以开展用电信息采集业务，还可以通过 OSD 信息发布功能将电力政策法规、停电通知和欠费催缴等信息发布到居民的电视机上，也可作为新型电视缴费的传输通道拓展缴费模式，实现一网多用。

2.7　其 他 通 信 技 术

用电信息采集远程通信技术除以上介绍的以外，还有其他几种有特点的技术可供选择。如双向工频通信技术具有跨越变压器的特点，但是速率较慢，可以考虑用于偏远农村的用电信息采集远程通信；将白空间通信技术用于用电信息采集远程信道目前是国际上研究的热点。

2.7.1 双向工频通信技术

2.7.1.1 技术简介

工频通信技术是国外新兴的配电网双向数字通信技术，是一种特殊的电力线通信技术。1978 年，美国科学家 Johnston R H 提出一种在电力线路上调制电压波形来实现信息传输的方法，形成单向工频通信的基本理论。1982 年，Mak S T 在此基础上提出了一套较完整的系统理论，即双向自动通信系统，对上述方法的双向信号调制模型、传输模型和测试方法进行了研究和改进。双向工频通信技术就是在此理论基础上发展起来的一种特殊的电力线通信技术。

2.7.1.2 技术原理

工频通信是在 50Hz 工频电压过零点附近，通过人为产生工频波形微弱的畸变和编码实现的一种独特的双向电力线通信技术。以电压过零点附近工频波形的微弱畸变来表示信息，信号是工频 50Hz 波形的一部分，调制信号频率位于 200～500Hz 之间，配电网电力线路对信号衰减很小，信号可直接穿透配电变压器传输，实现跨变压器台区的远距离、双向数据可靠传输，无需中继。工频通信系统结构图如图 2-23 所示。

工频通信系统由子站装置、电力配电网和若干个用户端模块构成。子站装置安装在变电站内，与主站应用系统连接。电力配电网是一个供电网络，由中压（在我国典型的是 10kV 或 35kV）电力线路、配电变压器、380V 低压电力线路构成，作为本系统的通信介质。用户端模块可以有多个，分别安装在低压配电线路的任一终端节点处，与各种现场用户装置如智能电能表、控制开关、监测仪等连接。

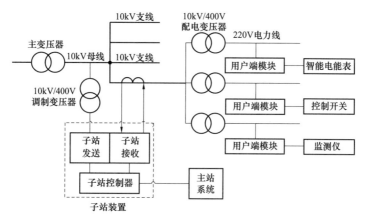

图 2-23　工频通信系统结构图

2.7.1.3　技术特点

双向工频通信技术具有以下优点：

（1）完全利用现有的中低压配电网络为传输载体，无需额外通信线路，成本低廉。

（2）信号传输过程中无泄漏和旁路，衰减小，无需滤波器和阻波器。

（3）信号可穿透配电变压器实现跨台区通信，减少了地域性的限制。

（4）实现完全直接的双向通信，上下行通道互不干扰，可以进行多通道通信。

（5）对电网本身没有干扰，处于允许范围以内。

（6）对电网本身的频率和幅值变化不敏感，抗干扰能力强。

（7）信号在过零点附近调制，所需的调制功率小，易于实现。

双向工频通信技术存在如下不足：

（1）通信速率较低。在不考虑编码传输时，单相传输速率最高为 100bit/s，三相同时传输速率为 300bit/s；为了提高可靠性，增加编码后，速率更低。

（2）子站装置功率高、体积大，安装使用不方便。

（3）对使用的场合有一定的选择性，易受电网及大功率负荷的干扰。

2.7.1.4　工程应用

主站装置位于变电站,安装时需串接在 10kV 馈线电流互感器的二次端,便可与该变电站所辖的用户终端模块通信。

用户终端模块位于 220V 低压侧,直接与现场的各种电力终端连接,将各种采集信息传回变电站。

2.7.1.5　发展趋势

与电力线载波通信技术相比,双向工频通信的原理决定了其属性,通信速率较低,主要应用在对实时性要求不高的场合,比如偏远山区的用电信息采集等。

2.7.2　"白空间"通信技术

2.7.2.1　技术简介

"白空间"的英文是 White Space,是指在地面无线传输的电视频道之间的空余电视信号频段,这些频段在特定区域暂时未使用,处于闲置状态。国际电信联盟 ITU 将其翻译为"空白频道"。

2.7.2.2　技术原理

我国无线电管理部门分配给广播电视的频率是 48.5M~958MHz,为避免相互干扰,相邻的两个电视信号发射塔必须经过频率分配,不能也不必使用全部的频率,否则两个发射塔的电视信号将相互干扰,无法正常工作。这样无论是哪个电视信号发射塔,都会空闲一部分原本分配给广播电视的频率,即所谓的"白空间"。

"白空间"与广播电视信号是否数字化无关,一般国家对于"白空间"频谱的使用无需授权,免费使用,催生了利用"白空间"开展智慧城市、物联网、无线宽带接入和智能电网等应用的热潮。

2.7.2.3　技术特点

"白空间"的频率均在 1GHz 以下,具有信号传输距离远、能穿透墙壁和其他障碍物、设备功耗低、经济高效等优点，近年来受到各行业和电信运营商的广泛关注。这些较低频率可扩大通信业务覆盖范围，利用较少的基础设施提供更大的移动覆盖，降低通信业务的成本，尤其是在农村地区。

"白空间"通信使用了感知无线电、正交频分复用、动态频率规划、时分双工、载波聚合等关键技术。

（1）感知无线电。感知无线电的工作原理是：频谱感知，即通过周期性地检测空口信号占用的频率发现空闲频率；频谱避让，即当广播电视系统重新占用频率时能及时地停止在原频率的通信，整个系统切换至新的空闲频率继续通信。这样能够做到动态共享频率，对广播电视业务无影响，同时不要求广播电视清理频率，避开了对广播电视模拟转数字进程的依赖。

（2）动态频率规划。不同城市间空闲频率资源不同，同一个城市内部的不同区域也可能存在差异，可以以城市为区域进行频率规划，在城市范围内进行规划和动态频率配置。由于不同区域频率空洞的带宽不确定，不同广播电视信号对邻道的隔离要求也不同。根据空洞带宽、保护带宽、频率稳定程度，进行小范围网络的频点划分，实现灵活、高效的动态频率管理。

（3）正交频分复用。正交频分复用（OFDM）是一种无线环境下的高速传输技术。OFDM 技术的主要思想是在频域内将给定信道分成许多正交子信道，在每个子信道上使用一个子载波进行调制，并且各子载波并行传输。这样，尽管总的信道是非平坦的，具有频率选择性，但是每个子信道是相对平坦的，在每个子信道上进行的是窄带传输，信号带宽小于信道的相应带宽，因此可以大大消除信号波形间的干扰。由于在 OFDM 系统中各个子信道的载波相互正交，它们的频谱是相互重叠的，这样不但减小了子载波间的相互干扰，同时又提高了频谱利用率。

（4）载波聚合。随着无线技术的大量应用，连续的大带宽频谱越来越难以得到，这为大带宽的无线传输带来了困难，为了解决这一问题提出了载波聚合技术。载波聚合技术是指对于某一个终端来说，可以通过基站的调度，为其分配和使用多个离散的载波，用于其数据的传输。根据不同的用户需求和网络规划，将"白空间"上的多个不同的分量载波整合使用，能够灵活地扩展频谱带宽。

（5）时分双工。移动通信的双工方式主要分为频分双工（FDD）和时分双工（TDD）两种。由于不同地域的"白空间"的频点很难预测，FDD模式需要预先对上下行频点进行设定，这样势必造成系统灵活性的下降，导致上下行信道容量由于信道频点的改变而无法预测。TDD不存在上述问题，其上下行的信道容量通过时间进行区分，比例可以任意控制，即使频点改变，上下行容量也同时改变，其比例却保持不变。

另外，电力系统与传统电信系统的上下行业务流量比例不同，电力系统的上行业务流量远大于下行业务流量。采用TDD方式能够根据电网实际需要灵活进行配比，满足高上行比例要求。

2.7.2.4　工程应用

"白空间"信号利用电视频道的空余频段来传输信息，这些频段的信号能够远距离传输，并轻松穿透墙壁和其他障碍物。这些免费接收的频段比无线公网通信更加经济高效，成为用电信息采集远程通信的理想方式。目前该技术还处于探索阶段，大多数研究和应用都在国外开展。

近年来，英国、美国、加拿大等国家相继开展了"白空间"标准化和开发应用工作，芬兰、新加坡于2010年开展了"白空间"的试点，日本、韩国、南非于2012年开始"白空间"服务试点。

（1）英国。英国Neul公司利用"白空间"频谱开发了无线通信基站和终端设备，是第一个也是迄今唯一完全符合美国联邦通信委员会（FCC）"白空间"无线规范的产品。英国Neul公司开发的"白空间"设备技术指标如表2-3所示。

表 2–3　　　英国 Neul 公司开发的 "白空间" 设备技术指标

序号	项目	技 术 指 标
1	工作频段	470M～790MHz
2	速率	最低 1kbit/s（用于抄表和物联网） 最高 16Mbit/s（用于无线宽带接入）
3	终端电池寿命	10 年
4	终端价格	量产后达到 1 美元
5	邻道功率	<–55dBc，符合美国 FCC 规范
6	传输距离	10km

Neul 公司与英国 Bglobal 公司合作，成功开展了全球第一个通过 "白空间" 网络采集智能电能表数据的项目，实现了对 1km 以外智能电能表数据的抄读，大大提高了效率和便利性，为智能电能表的普及提供了有力支持。

在英国电信监管机构英国通信办公室（Ofcom）的支持下，英国公司正致力于制定 "白空间" 技术的标准——Weightless，推动 "白空间" 网络在英国的大规模部署。Weightless 是一项完全针对智能电能表等物联网应用而优化的简单协议。Neul 公司已经在 2011 年 9 月开放其 Weightless 提案，广邀各界生产厂商参与，目前有数个工作小组正就标准和各种技术问题进行处理。

（2）美国。2009 年，在美国电气和电子工程师协会 IEEE 802.11 工作组的领导下，成立了 IEEE 802.11af 任务组，专注于 "白空间" 技术标准化工作，目标是定义 802.11 物理层和媒体访问控制层的修改，使 "白空间" 中的信道接入和共存符合法律规定。802.11af 任务组密切关注各项规定，在全球推动 "白空间" 技术的发展，被公认为最有前景的 "白空间" 技术之一。2012年 9 月，802.11af 任务组发布了首个稳定的标准草案 2.0 版本。随着世界范围内 "白空间" 标准的演进，IEEE 802.11af 有望根据这些标准的更新不断调整。

美国联邦通信委员会（FCC）为了更好地利用空闲空间，提出采用感知无线电技术来避免与广播电视业务之间的互相干扰，并制订了一系列规则。主要内容包括：对于非授权用户只要能接入频谱数据库就可使用"白空间"，与广播电视之间的干扰协调交由技术、市场解决；采用功率限制措施，固定无线设备最大发送功率为1W，便携无线设备最大发送功率100mW。

（3）日本。日本国家信息与通信技术研究所（NICT）已开发出基于IEEE 802.11af标准草案的世界首个"白空间"（470M～710MHz）WiFi原型。NICT开发的系统是第一个验证标准草案物理层和媒体访问控制层设计的原型，符合目前世界上运用"白空间"进行无线通信的趋势。

2.7.2.5 发展趋势

我国工信部传输研究所、中国移动、中国普天信息产业集团公司（简称中国普天）等单位也对"白空间"通信技术进行了一定的研究和探索。由于我国的广播电视数字化进程尚未完成，国家广播电影电视总局（简称国家广电总局）提出2015年释放模拟电视退网后空出来的部分700MHz频谱资源，是国际电信联盟提出时间表的最后期限，滞后于电信发达国家，数字红利频段应用严重滞后于国际进程。

中国移动希望能够提前介入700MHz频段，以此开展第四代移动通信服务，提出了在模拟电视"白空间"采用感知无线电技术解决与广播电视动态共享频谱的解决方案。中国移动还进行了698M～806MHz数字红利频段的扫频工作。通过扫描发现，在该频段，有些城市存在连续24MHz的"白空间"，为开展相关研究和应用打下了坚实基础。

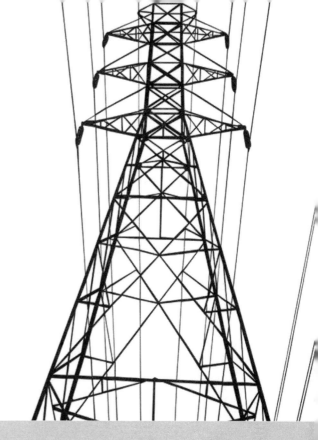

第 **3** 章

本 地 通 信 技 术

3.1　技　术　概　述

本地通信通道是指各类采集终端与电能表之间的通信信道，本地通信方式包括电力线载波通信技术、微功率无线技术和 RS–485 总线等。本地信道架构如图 3–1 所示。

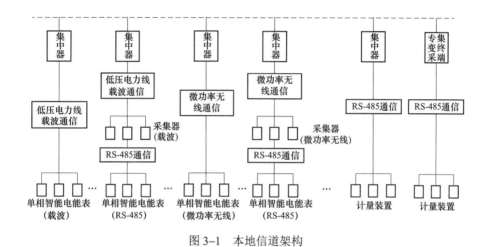

图 3–1　本地信道架构

我国用电信息采集本地通信采用的技术主要有电力线载波通信技术、微功率无线技术、RS–485 总线等。

国际上在智能电网高级计量体系（AMI）应用中采用的通信技术与国内类似，包括电力线载波通信、无线通信、M–BUS 总线通信等。此外，工频通信系统、超窄带技术也有应用，可穿透配电变压器进行通信，但传输速率太低，没有成为 AMI 领域中的主流技术。

3.2 低压电力线载波通信技术

3.2.1 技术简介

电力线载波通信简称 PLC，是指利用电力线作为通信介质进行数据传输的一种通信技术，它是将所要传输的信息数据调制在适于电力线介质传输的低频或高频载波信号上，并沿电力线传输，接收端通过解调载波信号来恢复原始信息数据。利用低压电力线（220V/380V）传输载波信号的技术称为低压电力线载波通信，用电信息采集本地通信主要利用低压供电线路进行数据传输。

3.2.2 技术分类

电力线载波通信可分为电力线窄带载波通信和电力线宽带载波通信两类。

（1）电力线窄带载波通信技术。DL/T 698.35—2010《电能信息采集与管理系统　第 3-5 部分：电能信息采集终端技术规范——低压集中抄表终端特殊要求》规定，低压电力线窄带载波通信频率范围为 3k～500kHz。低压电力线窄带载波通信理想通信速率可达 100kbit/s 以上，考虑到低频噪声分布、不同应用的频带划分、抗干扰通信技术，以及调制方式等因素，实际应用速率在 10kbit/s 以下。电力线窄带载波通信主要用于用电信息采集、智能家居能源管理、楼宇自动化监控和路灯控制等领域。

（2）电力线宽带载波通信技术。电力线宽带载波通信频率范围为 1M～50MHz，理想通信速率可达 500Mbit/s 以上，特点是通信速率高、实时性强、抗干扰能力强、传输可靠性高，相对于窄带载波通信传输距离较短，适用于对通信实时性和通信带宽要求较高的通信业务应用。针对计量、抄表、家电控制、智能家居等对速率要求不高的领域可使用特定的低成本模式，该模式下通信速率相对较低，可达 2M～20Mbit/s，但以较低的功耗和成本，保证了较高的通信可靠性。

3.2.3　国内应用现状

（1）低压电力线窄带载波通信技术。低压电力线窄带载波通信技术用于用电信息采集系统，应用时间较早，规模最大。近年来，随着低压电力线载波通信技术逐步完善，国内有十余家企业专注于技术开发和应用，采用的技术主要有扩频加窄带频移键控、扩频加窄带相移键控、正交频分复用等。

由于大部分芯片厂家采用各自的企业标准，频率选择、调制方式、传输技术及组网技术各有特点，难以实现互操作。

（2）低压电力线宽带载波通信技术。20 世纪 90 年代中后期，低压电力线宽带载波通信技术得到了迅速的发展。在国内，电力线宽带接入已经有了多年的运营实践，在用电信息采集方面也有了大量的应用。我国多家公司的产品在电力线宽带接入和基于电力线宽带的用电信息采集等方面都有了较为成熟的应用。

为充分发挥低压电力线载波通信用于用电信息采集系统的技术优势，我国的科研工作者率先提出了使用 2M～12MHz 中频带的低压载波通信技术，为此开发了具有自主知识产权的专用芯片，能够提供 2M～10Mbit/s 的通信速率，实现了低功耗、低成本、高可靠性、高集成度、高可用性的低压电力线载波通信应用。目前，该芯片已经在湖北、宁夏等地试点应用。

我国低压电力线宽带载波通信技术标准制定较晚，2010 年发布了电力行业标准 DL/T 395—2010《低压电力线通信宽带接入系统技术要求》和邮电行业标准 YDB 055.1—2010《宽带客户网络联网技术要求　第 1 部分：电力线（PLC）联网》。

3.2.4　国外应用现状

3.2.4.1　低压电力线窄带载波通信技术

国外低压电力线窄带载波通信应用在电力部门的自动负荷控制和自动抄表领域起步较早，英国 SWAB 公司 1993 年就实现了地区范围内利用 PLC 技术进行远方抄表、自动收费、系统能源管理的功能。

欧洲、美国以及国际上相关组织联盟先后推出多种窄带 PLC 标准，并规定了技术类型，典型技术有扩频型频移键控（S–FSK）、频移键控（FSK）、相移键控（PSK）、多载波调制（MCM，例如正交频分复用 OFDM 或离散多音频 DMT）等。

基于 IEC 61334–5–1 标准的 S–FSK 技术以及基于 IEC 14908–2 标准的 BPSK 技术方案，在欧洲及美洲各地已经有大规模的应用。

基于 OFDM 的电力线窄带高速载波通信技术正在兴起，西班牙 PRIME、法国 G3、美国电气与电子工程师协会 IEEE、国际电信联盟 ITU 等联盟或组织针对 OFDM 窄带高速 PLC 技术制定出相关标准，由于各技术标准的物理层参数，例如频段、编解码方式、OFDM 实现技术没有完全统一，难以实现互联互通。目前窄带 OFDM 技术在欧洲部分地区已经开始推广。

国外的电力线载波通信芯片根据北美、欧洲等地区频率、标准、电网特性开发，在国内也有一些应用，但实际测试及运行结果并不理想，性能大多不如国内的低压电力线窄带通信芯片。

3.2.4.2　低压电力线宽带载波通信技术

从 1997 年起，随着高速 PLC 调制解调技术和芯片技术的突破，电力线宽带载波通信技术取得了快速发展。美国 Current 通信公司利用电力线宽带通信技术开展了智能抄表业务，还在同一通信平台上开展家居自动化、负荷监测、配变监测等多项业务，为智能电网的实现奠定了网络基础；德国 PPC 公司利用电力线宽带通信技术除实现上述业务外，还实现了燃料电池和太阳能等可再生能源分布式发电控制；韩国电力公司以电能表作为家庭网关，利用电力线宽带通信技术和家庭用电显示终端实现了居民直接参与用电管理。经过 10 余年的发展，电力线宽带通信技术已日趋成熟，在电网侧，电力线宽带通信技术主要用于用电信息采集或 AMI；在民用侧，电力线宽带通信技术主要用于家庭局域网（HAN）或室内网络（In–Home Network）。

在电力线宽带标准制定方面，国际上一直比较活跃。在欧洲，PLC 行业的主要公司成立了通用电力线协会 UPA（Universal Powerline Association），致力于开发开放性的技术规范，以期使欧洲的行业规范成为国际标准。欧盟官方出资支持，以西班牙 Iberdrola、DS2 等公司为技术支持成立的 OPERA（Open PLC European Research Alliance）组织，2004 年到 2009 年的时间里，联合欧洲的主要 PLC 研发力量，制定了一系列统一的欧洲 PLC 标准，成为推动大规模商业化应用的技术规范。UPA 与 OPERA 在技术层面上开展了合作，而与之相配合，欧洲电信标准学会（ETSI）提出了 ETSI PLT 电力线传输标准体系框架，并颁布了一系列技术标准。

在美国，PLC 技术标准化主要由家庭插电联盟 HPA（HomePlug Powerline Alliance）推动。HPA 制定了适用于各个不同场景的技术标准，包括用于室内电力线通信的 HomePlug 1.0、用于音视频传输的 HomePlug AV、用于远程控制和自动抄表的 HomePlug C&C、用于宽带电力线接入的 HomePlug BPL，等等。HPA 的技术体系以美国 Intellon 公司（现被 Atheros 收购）的宽带技术和以色列 Yitran 公司的窄带技术为基础。

国际上最具影响力的 PLC 标准化组织是国际电信联盟 ITU，其颁布的家庭网络 PLC 标准 ITU–T G.hn，包含物理层提案 G.9960、数据链路层提案 G.9961 和共存协议 G.9972，构成一套完整的技术体系。ITU–T G.hn 工作组于 2006 年组建，现有约 40 个成员，致力于制定采用家庭同轴电缆、电话线和电力线等三种有线介质联网的统一标准。

IEEE 于 2005 年 6 月组建了 IEEE P1901 工作组，致力于为高速 PLC 网络（低于 100MHz 的频带内实现 100Mbit/s 以上的物理层数据率）的物理层和 MAC 层制定通用的技术标准。2010 年 9 月 IEEE 1901 标准（IEEE Standard for Broadband over Power Line Networks: Medium Access Control and Physical Layer Specifications）获批成为正式标准。该标准适用于所有的高速 PLC 应用场景，包括电力线宽带接入、家庭局域网络、智能电网、车辆内联网，以及其他分布式数据传输等。1901 标准包括两个不同的物理层，一个来自 HomePlug AV 技术，另一个来自于 HD–PLC 技术，具体实施时这两个物理层可以二选一，不需要都支持。在这两个物理层之上，定义了两种不同的 MAC 层，一种服务于家庭局域网络，另一种服务于电力线宽带接入，这是因为两种应用的需求不同。

IEEE 1675 标准（IEEE Standard for Broadband over Power Line Hardware）于 2008 年获批通过。该标准规定了电力线宽带通信常用装置（主要是耦合器和附件）的测试和验证标准，以及标准安装方法，以确保符合现行的规范和标准。该标准为电力公司在其电力线路上安全地安装电力线宽带接入附属装置提供了保障。

IEEE 1775 标准［IEEE Standard for Power Line Communication Equipment-Electromagnetic Compatibility (EMC) Requirements-Testing and Measurement Methods］于 2010 年获批通过。该标准规定了对电力线宽带通信设备和附属装置进行电磁兼容测试时，已达成共识的测试方法和测量过程。按照美国规定，该标准引用了电力线宽带通信设备和附属装置现有的美国标准和国际标准，未对辐射限值作出具体的规定。

诸多宽带 PLC 标准化组织近年来开展了广泛的交流与合作。欧洲 UPA、美国 HPA、日本的消费电子电力线通信联盟 CECPA（Consumer Electronics Powerline Communication Alliance）三大体系开始在技术上寻求共存和融合，但无法完成"互通"（Cooperatability）。因此近年来一些国际组织开展了新的标准制定工作，试图能将宽带 PLC 标准统一，目前还没有一个具有绝对领导力的宽带 PLC 国际标准。国际电力线宽带载波通信标准如表 3-1 所示。

表 3-1　　　　　　　　　　　国际电力线宽带载波通信标准

标准名称	数据速率 （Mbit/s）	使用频带 （MHz）	调制技术	MAC 层协议	代表厂商
OPERA	200	1～34	OFDM，1536 个可用子载波	ADTDM， CSMA	DS2
HP 1.0	14/85	2～30	ROBO：OFDM，84 子载波， DQPSK/DBPSK	CSMA/CA	INTELLON
HPAV	200	2～30	OFDM，1155 子载波， DBPSK/QPSK/16-1024QAM	TDMA， CSMA/CA	QUALCOMM
HPGP	10	2～30	ROBO：OFDM，1155 子载 波，QPSK	CSMA	QUALCOMM
HD-PLC	210	2～28	Wavelet OFDM，PAM	CSMA/CA	PANASONIC
ITU-T G.hn	800	2～100	OFDM，4096QAM	TDMA	Marvell
ITU-T G.hn LCP	20	2～25	OFDM，DBPSK/QPSK	TDMA	Marvell
IEEE P1901	兼容 HP AV 和 HD-PLC 两套标准				

国际电力线载波通信标准演进路线图如图 3-2 所示。

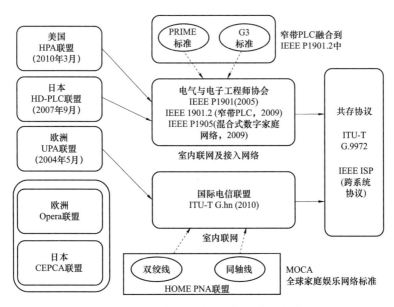

图 3-2　国际电力线载波通信标准演进路线图

3.2.5 技术原理

3.2.5.1 调制解调技术

目前电力线载波通信常用的调制方式有频移键控（Frequency-Shift keying，FSK）、相移键控（Phase-Shift keying，PSK）、线性调频（Chirp）和正交频分复用（Orthogonal Frequency Division Multiplexing，OFDM）等。

1. 频移键控

FSK 是通过改变载波信号的频率值来表示数字信号"1"和"0"，例如以 f_1 频率表示数字信号的"1"，以 f_2 频率表示数字信号的"0"，传输数据与载波信号的幅度及相位无关。

FSK 技术调制解调简单，无需复杂的锁相与相位同步，对硬件和软件的资源需求都非常小；相对于 PSK 技术的缺点是通信速率较高时对抗噪声的能力较差，故一般结合扩频技术（一般为直接序列扩频）来提高系统的抗噪性。

FSK 调制信号基本原理如图 3–3 所示。

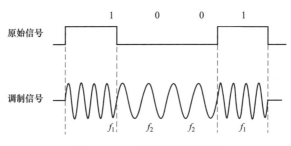

图 3–3　FSK 调制基本原理图

2. 相移键控

PSK 是通过改变载波信号的相位值来表示数字信号"1"和"0"，每当表示数字信号变化时（"1"到"0"，或"0"到"1"）载波信号的相位发生 ϕ 角度的变化，与载波信号的幅度及频率无关。ϕ 角度的大小与调制方式有关。BPSK（二相相移键控）的 Φ 角度为 180°。QPSK（四相相移键控）的 Φ 角度为 90°。

PSK 技术在通信速率较高时对抗噪声的能力较强；但相干解调实现复杂，并且用于载波同步的锁相环本身对噪声干扰有一定容限。

BPSK 调制信号基本原理如图 3–4 所示。

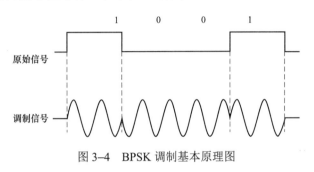

图 3–4 BPSK 调制基本原理图

3. 正交频分复用

OFDM 是一种正交多载波调制方式，基本思想是把输入信息转换成多路并行信号，利用快速傅里叶变换对相互完全正交的一组载波进行调制形成子载波信号，同时将可用的频谱划分为许多窄带，分别传输这些子载波信号。为了获得频带高利用率，OFDM 调制中各子载波上的信号频谱相互重叠，但载波间隔的选择要满足这些子载波在整个符号周期上是正交的，即在一个符号周期内，任何两个子载波相关性等于零。这样即使各载波上的信号频谱存在重叠，也能保证在接收端不失真地恢复各子载波信息。

OFDM 技术主要优点包括：

（1）采用多路子载波调制技术，使系统具有较强的抗窄带干扰能力；

（2）采用信道估计和信道均衡技术，使系统具有较强的抗多径衰落能力；

（3）采用相互正交的子载波作为子信道，允许子信息的频谱重叠，频谱利用率高，采用更高阶的星座调制方式（如 QPSK、16QAM），使系统具有较高的传输速率；

（4）对时变性、频率选择性衰落有较强的抵抗能力；

（5）可通过动态分配子信道抑制阻抗衰减与噪声干扰。

OFDM 技术主要缺点包括：

（1）信号峰均比对放大器线性要求较高；

（2）对电源稳定性要求较高；

（3）硬件实现复杂度相对较高。

OFDM 多载波调制方式节省频带带宽的原理如图 3–5 所示。

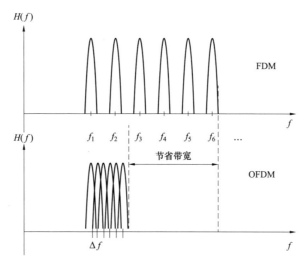

图 3–5　相同子载波数量的 FDM 与 OFDM 带宽对比

3.2.5.2　传输技术

电力线载波通信传输技术主要有：直接序列扩频（Direct Sequence Spread Spectrum，DSSS）、跳频（Frequency Hopping，FH）、跳时（Time Hopping，TH）、过零通信（Zero Crossing）以及与上述各种调制方式的组合技术。

1. 扩频通信技术

扩展频谱（Spread Spectrum）技术的理论依据是著名的香农（Shannon）信道容量公式：

$$C = W \times \log_2(1 + S/N)$$

　　该公式描述的是，在高斯信道中当传输系统的信号噪声功率比 *S/N* 下降时，可用增加系统传输带宽 *W* 的办法来保持信道容量 *C* 不变。对于任意给定的信噪比，可以通过增大传输带宽来获得较低的信息差错率。扩频技术正是利用这一原理，用高速率的扩频码对基带数字信息进行扩频调制。故在相同的信噪比条件下，具有较强的抗噪声干扰能力。

　　香农同时指出，在高斯噪声的干扰下，在限平均功率的信道上，实现有效和可靠通信的最佳信号是具有白噪声统计特性的信号。这是因为高斯白噪声信号具有理想的自相关特性。

　　扩频通信相对于传统的单载波通信而言，具有抗干扰能力强、可靠性高、数据有效传输速率快等特点，经实践证明是一种适合在高噪声、高衰减、高时变的低压电力线信道上进行有效通信的技术。一般使用直接序列扩频方式，使用高于基带数据速率的伪随机码（PN）扩展信号频谱形成宽带的低功率谱密度的发送信号，在接收端则用同样的 PN 码进行相关接收、解扩来恢复基带数据。

　　扩频通信具有抗干扰性强、抗多径干扰、保密性强、功率谱密度低，具有隐蔽性和截获概率低等特点。

　　扩频通信对噪声的抑制如图 3-6 和图 3-7 所示（阴影部分代表噪声干扰）。

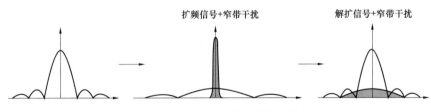

图 3-6　扩频通信对窄带干扰信号的抑制

2. 过零传输通信技术

过零传输通信技术是指在交流电电压过零点区间发送信号和接收载波信

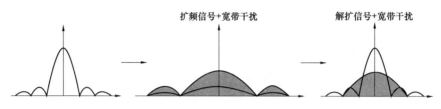

图 3-7 扩频通信对宽带干扰信号的抑制

号的一种通信技术，其基本原理如图 3-8 所示。

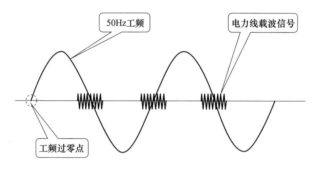

图 3-8 过零通信基本原理示意图

过零通信技术主要基于如下考虑。

首先，电网的频率在 50Hz 左右，利用这个信号的过零点进行信号同步，使得通信单元变得非常简单和容易实现，并可实现通信单元的相位识别。

其次，电器设备在过零点附近通常处于一种不吸收能量的状态（处于放电过程），因此在过零点处发送载信号不会对电器设备由于电压波动而造成影响。

第三，在一些用电环境下，工频零点附近噪声相对较低。

3.2.5.3　硬件实现原理

常见的电力线载波通信系统硬件实现原理图如图 3-9 所示。

电力线载波通信基本的硬件系统由信息源（终端）、数字信号处理部分 (DSP)、模拟前端（AFE）、信道（电力线）组成。

发送时，终端将原始数据交给信号处理模块，进行数据及信道编码（例

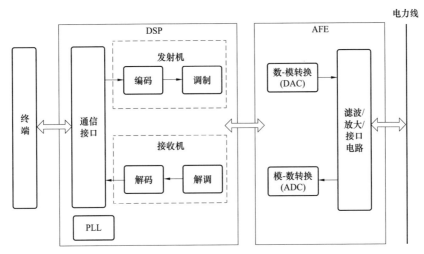

图 3-9　常见的电力线载波通信系统硬件实现原理图

如 RS、卷积、扩频等）等操作，用于数据纠错，提高系统的抗干扰能力，也可以对数据进行加密，提高数据安全性。然后进行调制（例如 FSK、PSK、OFDM 等方式），将数据搬到载波频率处（3k～500kHz 或 2M～30MHz），形成适合在电力线上传输的信号，并通过数字模拟转换（DAC），由模拟前端转成模拟信号放大、耦合到电力线上。

接收时，电力线上的载波信号通过耦合到达接收端，进行滤波、模拟数字转换（ADC），交给数字信号处理部分，进行解调、解码，恢复成原始数据。

3.2.5.4　组网技术

低压电网具有阻抗、衰减、噪声干扰时变特性，低压电力线载波通信发射功率受限，难以实现网络内点对点的可靠传输，有必要通过路由管理的中继通信建立一个强壮的通信网络，称为组网技术。

电力线载波通信的组网技术主要有集中式和分布式两种。

1. 集中式组网

集中式组网以集中器作为主节点，其他低压电力线载波通信节点作为从节点。集中器发起路由搜索任务，建立路由表，并动态更新路径，而从节点只是按照集中器的指令来接收、中继转发和应答，这种方式建立路由的时间比较长，更新路由表的速度缓慢，实时性较低。

2. 分布式组网

分布式组网将集中器和其他低压电力线载波通信节点看作是对等的通信节点，每个节点均可以搜索路径和中继转发数据，低压电力线载波通信各节点可以主动上报给集中器信息，路由表的建立和更新时间比较短，能较快地适应电力线路的动态变化。

由于电力线载波通信系统是以集中器为中心，控制网络中通信节点（载波电能表或采集器）的数据传输，维护网络的有序工作；每个通信节点除了完成正常的通信业务以外，均具有分布式组网特性，它能够自主高效率地构造健壮的子网路由，自动感知网络的动态变化，维护和保持最佳的路由状态。电力线载波通信系统通过分布式的组网效率和动态的最佳路由选择，并配合强有力的物理层点对点通信能力，实现在低压电力线信道上的可靠数据通信。为适应低压电力线信道时变特性，通信控制方式采用以集中式为主、分布式为辅的通信网络结构，发挥集中式的控制能力，强调分布式的组网效率，充分保障系统的可靠性和健壮性。

集中式组网适于直接抄读，分布式组网适于例行批量抄读和事件上报以及表计搜索；集中式组网在信道质量好的场合占优，分布式组网在需要多次中继的场合优势明显。集中式组网和分布式组网是相互配合、相互补充的关系。

3.2.6 技术特点

低压电力线载波通信是目前用电信息采集系统应用在本地信道的主流技术，具有广泛的适用性，主要特点包括：

（1）可利用的电力线网络覆盖面大，直接接入计量装置，不用重新敷设专用通信线路，无需额外施工，节约相应投资；

（2）不用进行专门的线路维护，节约维护费用和使用费用；

（3）由于借助供电线路作为通信介质，在保证供电正常的情况下同时也保证了通信链路的连接；

（4）配电变压器的供电范围与载波通信网络域相同，有利于台区线损统计计算和台区用户档案管理；

（5）利用三相电力变压器各相电压的相位差，能够进行准确的相位识别，从而为调整三相负载平衡提供可靠的数据依据。

3.2.7　工程应用

3.2.7.1　应用环境和模式

低压电力线载波通信技术在国内用电信息采集系统和国外的 AMI 系统上已经广泛应用。目前低压电力线载波通信是国家电网公司采集系统中最主要的本地通信方式，所占比例高达 68.95% 以上。

低压电力线窄带载波通信技术用于用电信息采集领域发展相对成熟，为半双工轮询访问机制，综合性价比较高，可以满足用电信息采集系统大部分应用场合的需求。特别对于用户分散环境下的用电信息采集具有低成本优势。不过受负载特性影响大，需要组网优化。

低压电力线宽带载波通信技术提供更高通信带宽，为全双工双向通信机制。适合对通信实时性要求高、用户相对密集的区域及多业务应用场合。另外在有大量变频电气、可控硅设备使用的地方，用电谐波干扰大的环境下，也适合采用多路子载波调制的宽带载波通信技术。但是宽带载波通信的高频信号在信道中衰减较快，在较长距离通信中需要中继组网。

综合来看，目前低压电力线载波通信技术正呈现窄带技术宽带化，宽带技术窄带化的相互融合趋势，二者在整个采集系统中是优势互补的应用关系，最终平衡于采集业务对速率（带宽）的需求，以及系统总体运营成本的要求。

3.2.7.2 应用方式

按照在用电信息采集通信中的应用方式，主要划分为全载波方式、半载波方式和混合方式等 3 种类型。

（1）全载波方式。由集中器、载波电能表组成，全载波方式如图 3-10 所示。

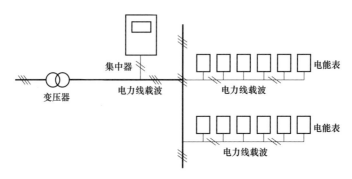

图 3-10　全载波方式

这种方式下，在台区变压器供电范围内，集中器与电能表之间直接通过电力线载波方式进行通信。无需采集终端，不需要再敷设专用通信线路，不需要勘测、调整网络拓扑结构。

一般工作流程为集中器通过自动组网方式（包括主从式和分布式）与此集中器管辖范围内的载波电能表建立完整的路由关系。每日集中器定时发出抄收数据命令，通过低压电力线按照当前的路由表与此集中器管辖范围内的载波电能表通信，获取电能表的各项数据。当有点抄任务时，集中器根据主站点抄命令与指定电能表按照当前路由表进行通信，获取电能表的相应数据。

此种方式适用于大部分情况。

（2）半载波方式。由集中器、采集器和 485 电能表组成，半载波方式如图 3-11 所示。

半载波方式下，集中器和采集器（载波型采集终端）通过载波方式通信，采集器和电能表之间通过 RS-485 连接，需要额外敷设 RS-485 专用通信线路。

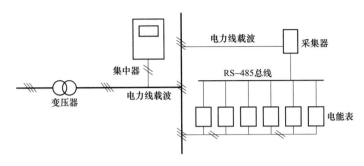

图 3-11　半载波方式

一般工作流程为集中器通过自动组网方式（包括主从式和分布式）与此集中器管辖范围内的采集器（采集终端）建立完整的路由关系。每日集中器定时发出抄收数据命令，通过低压电力线按照当前的路由表与此集中器管辖范围内采集器通信，然后采集器通过 RS-485 总线与 485 电能表进行通信，获取线上电能表的各项数据。当有点抄任务时，集中器根据主站点抄命令按照当前路由表与指定采集器进行通信，然后采集器与指定电能表通过 RS-485 专线进行通信，获取电能表的相应数据。

由于系统需要敷设 RS-485 通信线路，此种方式适用于电能表集中安装、容易或允许敷设 RS-485 的新建或规范的住宅小区。

（3）混合方式。一部分电能表通过全载波方式与集中器进行通信，另一部分电能表通过半载波方式与集中器进行通信。混合方式如图 3-12 所示。

混合方式根据现场实际情况不同，对于集中安装的电能表，表箱旁边安装载波型采集器（采集终端），采集器与电能表之间通过 RS-485 总线方式进行连接；对于用户电能表分散安装，或因楼宇之间不允许安装 RS-485 通信线等情况的电能表，直接安装载波电能表；组网后的一般工作流程与上述两种基本方式类似。

全载波方式的突出优势是无需布线、易安装、易维护，但成本相对较高；半载波方式的突出优势是安装设备量少，成本相对较低，但需专门布线，安装施工难度和维护工作量较多；混合方式的突出优势是应用灵活，能够解决

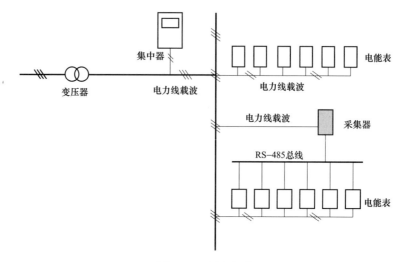

图 3-12　混合方式

全载波和半载波混合模式的台区,但施工难度相对较大,管理起来复杂得多。

3.2.7.3　应用情况

低压电力线载波通信方式成为用电信息采集系统建设的首选,得到了广泛应用。在实际应用中还有不受金属箱体屏蔽的影响;不受钢混建筑物的影响;不同变压器供电范围之间基本不受影响;不需要人工干预,例如具备自动路由、自恢复等功能;系统运维量少等突出优点。

当前用电信息采集中使用的低压电力线宽带载波通信多数为半载波方式,在辽宁、湖北、安徽、湖南、山西、宁夏、甘肃、福建等地有规模化应用。宽带全载波方式由于设备功耗与现有电能表接口所能提供的电源不匹配、设备成本相对较高等原因暂未得到大规模推广应用。

根据统计情况进行分析,低压电力线载波通信方式在部分地区日抄表成功率未达到 95%,影响抄收成功率的主要因素主要包括施工、地区差异、管理模式、产品质量等问题,具体如下。

(1)施工问题:

a)未安装载波电能表;

b）安装的不是载波电能表；

c）载波电能表进线与入户线接反，欠费停电后载波电能表掉电；

d）业务流程在途；

e）拆迁影响，楼房正在拆迁过程中，部分已在线的载波电能表断电；

f）载波电能表混装：包括多种载波方案的载波电能表混装和同一种载波方案不同版本的载波模块混装。

半载波模式特有的施工问题：

a）电能表侧的 RS–485 通信线极性接反；

b）采集器与电能表的 RS–485 通信线接线松动、虚接。

（2）地域差异：

a）GPRS 信号质量差；

b）SIM 卡不兼容；

c）主站统计功能的差异；

d）数据信息采集的数量不同。

（3）管理问题：

a）SIM 卡欠费；

b）集中器内部计量点的地址信息错误；

c）采集器地址信息错误；

d）故障电能表没有及时更换；

e）用户电能表表前断电。

（4）产品设计质量和生产质量问题：

a）电能表给载波模块提供的电源能力低于标准中的规定，造成载波模块发射功率降低，导致载波通信性能下降；

b）集中器主板与载波模块之间抄表交互流程不合理，降低抄表效率；

c）集中器死机、频繁掉线；

d）载波模块生产过程存在的质量问题，各厂家使用的元器件质量、检测环境不严格造成通信能力下降；

e）半载波方式的 RS-485 总线阻抗不匹配。

目前除了用电信息采集系统，低压电力线载波通信技术还可用于其他应用领域。

（1）路灯控制系统：实现实时控制、故障监测、节能控制等；

（2）智能家居：家用电器只需接上电源就可以实现网上控制和互联；

（3）楼宇控制和智能化小区：通过电力线载波通信方式对高层楼宇用电、小区公共照明等进行远程智能化管理；

（4）光伏能源接入：利用电力线载波通信进行分布式光伏发电逆变控制和管理等；

（5）停车场管理系统、公共信息显示系统、安全防盗及消防报警系统等应用。

3.2.7.4　工程施工与运行维护

全载波系统由集中器和载波电能表组成，不需要额外施工，安装简单、运行可靠。载波信道与供电线路共用电力线，与传统电能表比较，不存在额外的运行维护工作量和费用。

半载波系统中，集中器与采集器（包括Ⅰ型采集器和Ⅱ型采集器）之间以载波作为通信信道，采集器与 485 电能表之间采用 RS-485 作为通信信道。这种方式需要在采集器与 485 电能表之间敷设 485 通信线，存在额外的施工量。485 通信线易遭受人为破坏、雷击损坏等因素，增加了维护量和维护费用。

3.2.8　发展趋势

3.2.8.1　低压电力线窄带载波通信

技术上，低压电力线窄带载波通信技术向速率更高、性能更可靠的方向发展以便承载更多的应用业务需求。

业务上，通过电力线，电力公司未来可以将业务拓展到户内。电力线是连接户内、外固有的供电线路，是供电公司和用户之间的信息交互媒介。供电公司可以将用户的用电信息、购电信息、电价信息以及停电信息通过该平台向用电用户发布、甚至通过收集用户家庭内部电器用电情况结合阶梯电价、分时电价为客户推出用电节能计划，实现用户需求侧的能效管理。

3.2.8.2　低压电力线宽带载波通信

技术上，低压电力线宽带载波通信技术朝更低功耗、更低成本、更高通信速率（1000Mbit/s）、更高通信可靠性、更高集成度方向发展。在用电信息采集领域，电力线宽带载波更侧重于向高通信可靠性、低功耗、低成本、智能路由、快速自组网方向发展。当前部分电力线宽带载波方案已经满足模块化安装至电能表的要求。

业务上，电力线宽带载波向智能用电服务、智能楼宇、智能家居等领域拓展应用，承载多种业务。

3.3　微功率无线通信技术

3.3.1　技术简介

应用于用电信息采集的微功率无线通信技术采用自组织网络构架，其发射功率不大于 50mW，工作频率为公共计量频段 470M～510MHz，符合《微功率（短距离）无线电设备的技术要求》（信部无〔2005〕423 号）的规定。

用电信息采集微功率无线通信系统，具有 7 级中继深度，在低功率发射的情况下，开阔场地点对点通信距离可达 300m，在实际的居民用电环境中，通过多级中继路由，有效通信覆盖半径达到 300～1000m。

3.3.1.1　国内应用现状

微功率无线通信技术容易统一无线电频率、调制方式、调制频偏、数据传输速率等参数，方便实现互联互通。国家电网公司为适应用电信息采集用微功率无线通信设备间互联互通的现实需求，编制完成了 Q/GDW 1376.4—2013《电力用户用电信息采集系统通信协议 第 4 部分：基于微功率无线的数据传输协议》。该标准借鉴 IEEE 802.15.4g 物理层参数和 MAC 层通信协议，增加网络层和应用层协议，实现了不同厂家的微功率无线模块互联、互通、互换使用。

微功率无线通信技术在北京、宁夏、山东规模应用，覆盖约 700 万户。

3.3.1.2 国外应用现状

微功率无线通信技术在国外应用极广，但涉及能源计量抄收应用的技术和标准，主要有 IEEE 802.15.4（LR–WPAN）、EN13757（network with relaying nodes）、ZigBee、WSN 无线传感器网等。

IEEE 802.15.4 针对低速无线个人区域网络（low–rate wireless personal area network，LR–WPAN）制定物理层和 MAC 层标准。把低功率、低速率、低成本作为重点目标，旨在为个人或者家庭范围内不同设备之间的低速互连提供统一标准。

ZigBee 是在 IEEE 802.15.4 标准之上，重点制定网络层和应用层的标准规范。ZigBee 联盟制定了针对具体行业应用的规范，如智能家居、智能电网、消费类电子等领域，旨在实现统一的标准，使不同厂家生产的设备相互之间能够通信。ZigBee 在针对智能电网应用的新版本标准 ZigBee Smart Energy V2.0 中采用了基于 IPv6 的 6LoWPAN（IPv6 over LR–WPAN）规范。其特点是近距离、低复杂度、自组织、低功耗、低数据速率、低成本。

EN13757 是欧洲表计和远程抄表装置通信系统的标准，适合极低功率的应用场合。WSN 无线传感器网络是由大量部署在区域内的传感器节点组成、通过无线通信方式形成的一个多跳的自组织的网络系统。其目的是感知、采集和处理网络覆盖区域中被感知对象的信息。它的特点就是低功率、支持多跳中继无线通信。

IEEE 802.15.4 标准受到 ZigBee、WSN 等技术的支持，同时由于其制定活动活跃，不断加入新的特点以支持各种新技术、满足新需求以及适应各国的微功率无线通信法规及发展现状，在国外获得大规模应用。

3.3.2 技术原理

无线通信技术是采用频率调制方式把信息加载在高频电磁波上，利用空间传播来进行数据通信的方法。

用电信息采集微功率无线通信网络采用频率复用及跳频技术，具有较好的频率利用率、网络扩展性和通信可靠性。

采用蜂窝结构的网络覆盖方式，通信节点在开阔场地条件下，点对点通信距离为 300m 左右。在每个蜂窝小区范围内支持自组织网多跳传输技术（Ad Hoc & Multi Hop），使得每个蜂窝小区的现实场地有效覆盖半径达到 300～1000m，较好地解决了网络覆盖盲区问题。

3.3.2.1 硬件实现原理

微功率无线节点的硬件架构如图 3-13 所示，基本包括 MCU 处理器和射频芯片，管理射频的接收和发射过程，完成数据的收发处理。

采用 GFSK（Gauss Frequency Shift Keying）调制方式，用两个频率特征信号分别代表二进制的"0"和"1"。为了减少调制信号的带外频率分量，改善信号质量，基带信号通过高斯滤波处理再行调制。

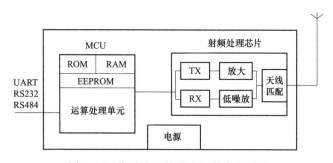

图 3-13 微功率无线节点硬件实现原理

3.3.2.2 系统架构

基于微功率无线通信技术的用电采集系统示意如图 3-14 所示。

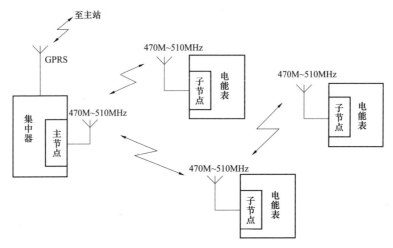

图 3-14 基于微功率无线的用电信息采集系统示意图

主节点（微蜂窝接入中心）安装在集中器设备内，构成在一定地理区域范围内的无线中心接入点，负责收集本微蜂窝小区内所有采集单元的采集数据，以进行后续处理。

子节点通信模块安装在电能表或者采集器内，负责将采集到的用电信息数据传输到指定的主节点。在系统中，子节点不仅可以直接和覆盖半径内的主节点通信，同时还具有数据转发功能，可以为其相邻的子节点转发数据，多个子节点依据自组织网络路由策略构成到主节点的多跳通信链路，大大增加了网络覆盖范围。

3.3.2.3 网络拓扑结构

用电信息采集微功率无线网络采用自组织网络结构，支持 7 级中继，充分利用了无线电信道的广播特性；采用分簇的 Ad hoc 分级网络结构，具有较好的扩展性，且分级结构使路由信息局部化可以提高系统的吞吐量；支持多跳的自组织动态组网，扩展了系统的有效覆盖能力。每个子节点可以动态入网，且可为其相邻的子节点转发数据，这使得从子节点到主节点存在多条有效路由，当无线信道受到干扰或者某中间转发子节点出现故障而造成某条路由中断时，在无线自组织网络中可立即启用另一路由继续进行数据传输，因而提高了系统健壮性和抗干扰能力。

在无线自组织网络中，主节点与子节点之间的链路最大为 7 跳，完全可以满足用电采集通信要求。每个主节点和周围 7 跳范围内的子节点构成一个"微蜂窝"，微蜂窝结构示意如图 3-15 所示。

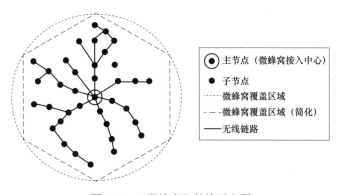

图 3-15　"微蜂窝"结构示意图

3.3.2.4　组网模式

微功率无线通信系统组网模式是将传统异步握手协议组网变成同步组网，通过按时隙发送信标帧来实现组网。网络节点严格按 TDMA 方式计算发送时隙并转发信标。最后在组网结束后，再采用 CDMA 方式实现子节点的物理地址分配。

组网一般由主节点发起。在由主节点发起组网过程中，首先由主节点发送一个组网信标命令，子节点在收到信标后根据自己的虚拟地址计算出自己发送时隙、按时隙转发信标，采用载波侦听冲突避免（CSMA/CA）机制来规避碰撞，其余时间主节点和子节点都转入侦听状态，并根据分时方式，对所侦听到的响应节点进行本地建场强表，表格记录了侦听到的子节点虚地址码、场强信号测量值。主节点把所有子节点的场强信息表收集完毕后，重新计算各个子节点的层次号、时隙号、主动上报路径，然后通过配置命令，更新各个子节点的配置信息。

组网过程完成后，最终形成实际可用网络路由拓扑图，如图3-16所示。图中的层是中继层的概念。第一层的范围，即是指可以直接和主节点通信的子节点分布区域。处于该层区域的子节点就称为第一层子节点。第二层的范围，是指可以和第一层子节点通信的子节点分布的区域，以此类推。

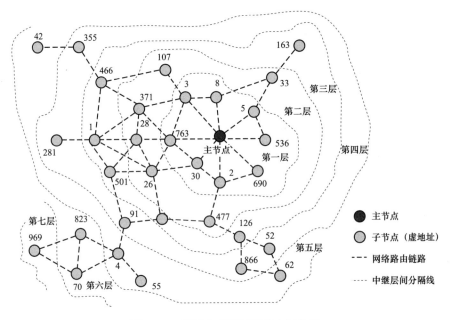

图3-16　组网完成的网络路由拓扑图

3.3.2.5　协议栈结构

微功率无线自组织网络协议栈结构基于标准的开放式系统互联（OSI）模型，定义了物理层（PHY）、介质访问控制层（MAC）、网络层（NWK）和应用层（APP）。应用层由应用支持子层（APS）和设备管理模块组成。协议栈结构如图3-17所示。

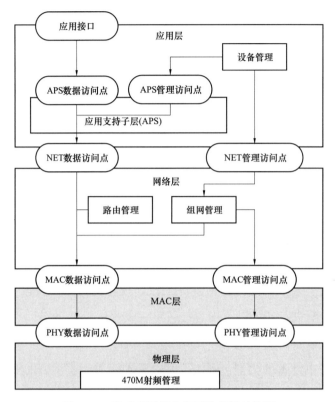

图 3-17　微功率无线自组网协议栈结构图

微功率无线自组织网络协议栈结构由一组被称作层的模块组成。每一层为上面的层执行一组特定的服务：数据实体提供了数据传输服务，管理实体提供了所有其他的服务。

每个服务实体通过一个服务接入点（SAP）为上层提供一个接口，每个SAP 支持多种服务原语来实现要求的功能。

物理层定义了以下内容：

（1）射频通信所需要的频率资源、输出功率限制、调制方式、调制频偏、空中码元速率；

（2）数据信道的编码方式，前向纠错、交织和扰码；

（3）跳频通信的方法。

MAC 层定义了以下内容：

（1）冲突避免的载波侦听多址接入控制机制；

（2）时分多址接入控制机制。

网络层定义了以下内容：

（1）在指定的信道组建网络；

（2）新增子节点加入一个正常工作的网络；

（3）为到预定目的地的帧寻找路由；

应用层包括应用支持子层和设备管理模块。

APS 子层定义了以下内容：

（1）端到端的数据传输，确认和重传；

（2）应用层维护功能，包括事件上报、模块复位、手持设备设置等。

设备管理模块定义了以下内容：

（1）管理设备的配置信息；

（2）网络中设备的类型（例如：集中器本地通信模块、采集器通信模块或电能表通信模块）；

（3）定义设备应用接口。

3.3.2.6　网络覆盖与频率复用

在微功率无线自组织网中，当智能电能表或采集器分布范围较大时，可以方便地利用多个微蜂窝覆盖整个区域。微功率无线通信系统采用微蜂窝结构的网络覆盖方式，通过蜂窝网络的衍生特性，可以快速方便地在有效的频率资源上构建规模庞大的城域网和广域网。

微功率无线自组织网络中的主节点和子节点通信单元采取 16 组频点的频分复用方式。每个微蜂窝小区均被分配一组频道组（每组有多个频点），相邻小区所使用的频道组互不相同，既避免了相邻小区的信号干扰，又有效地利用了有限的频率资源。频道组的分配由集中器端主模块自动分配。

在理论上，基于蜂窝结构对频率资源进行计算，7 组频率即可实现网络全覆盖，而实际应用中会受到地形、建筑物分布、天线的方向性和辐射功率等因素影响，因此在微功率无线通信系统中设计有 16 组频点可供复用。多个微蜂窝频率复用原理如图 3-18 所示。

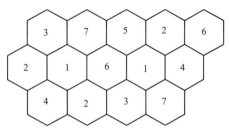

图 3-18　多个微蜂窝频率复用原理

3.3.3　技术特点

微功率无线通信技术在用电信息采集中应用具有以下特点。

（1）不需敷设专用通信线路：无线通信方式是通过空间无线电磁波来传输数据信号，不需要额外的物理介质来作为传输通路；

（2）传输可靠性高：微功率无线通信技术采用频分、跳频方式避让干扰，在信道表传输上采用有效的纠错编码算法，以提高数据传输可靠性；

（3）传输速率快：无线通信网络工作频率在 470M～510MHz 频段，每个频道有 200kHz 带宽可用，可以实现较高的数据通信速率，轻易达到 10kbit/s；

（4）自组织网络结构特征：微功率无线通信网络采用信标组网方式，实现全网节点场强数值的完整收集，据此计算选择最优中继路由，保障通信网络的健壮性、收敛性；

（5）通信不受台区供电范围限制：由于采用无线电磁波传播，微功率无线通信网络能够通过组网覆盖邻近台区通信节点；

（6）可实现无线手持设备接入：在 30m 范围内，利用无线手持设备调试主节点、子节点，在安装调试时具有良好的便利性。可在特殊情况下利用无线手持设备直接抄表。

3.3.4　工程应用

3.3.4.1　应用环境

微功率无线通信技术能够较好满足用电信息采集的本地通信需求，主要有以下几方面：

（1）数据采集时效性；

（2）售电信息、阶梯电价参数交互时效性；

（3）设备易维护性及软件易升级性；

（4）安装调试的可控可操作性；

（5）对终端设备自动管理的支撑能力；

（6）对环境的普遍适用性。

微功率无线通信技术由于其空间传播的特性，不能识别电能表所属的台区和相位。

微功率无线通信技术可广泛适用于国内各类用电环境，城网和农网，塔楼、高层楼、多层楼和平房等各类建设，以及平原和山区等。当电能表分散距离超过 500 米时，可以采用增加中继器方式解决。

典型的使用环境如北京的密集城市楼宇分布，山东的农村丘陵地区，宁夏的农村山区。

3.3.4.2　应用方式

按照在用电信息采集系统中的应用方式主要分为全无线方式、半无线方式和混合方式等 3 种类型。

（1）全无线方式。由集中器、微功率无线电能表组成，全无线方式如图 3-19 所示。

全无线方式中，每个电能表内置一个微功率无线模块，适用于电能表分散安装的情况。具有无需额外敷设线路，安装施工简单；调试维护方便；不易被破坏；无线节点较多，路由资源丰富，利于最优路由选择等优点。

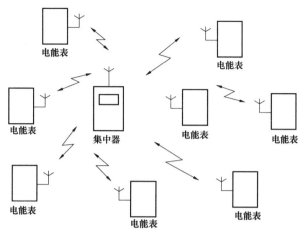

图 3-19　全无线方式

（2）半无线方式。由集中器、采集器和 485 电能表组成，半无线方式如图 3-20 所示。

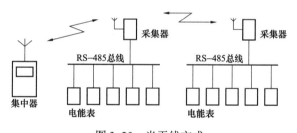

图 3-20　半无线方式

半无线模式中，集中器与采集器之间通过微功率无线传输数据，采集器通过 RS-485 方式采集电能表数据。在电能表集中部署的环境，或安装的电能表仅能通过 RS-485 采集数据的情况下，适宜采用此模式。具有无线子节点数量少，组网时间较快；需要敷设 485 线路，采集器也要单独安装设备箱；施工成本高，难度大，后期维护成本也较高的特点。

（3）混合方式。一部分电能表通过全无线方式与集中器进行通信，另一部分电能表通过半无线方式与集中器进行通信。混合方式如图 3-21 所示。

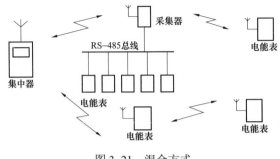

图 3-21　混合方式

　　混合方式根据现场实际情况不同，对于集中安装的电能表，表箱旁边安装无线采集器（采集终端），采集器与电能表之间通过 RS-485 总线方式进行连接；对于用户电能表分散安装，或因楼宇之间不允许安装 RS-485 通信线等情况的电能表，直接安装微功率无线电能表。

3.3.4.3　工程施工

　　（1）集中器施工：

　　1）应安装在采集点分布区域的中心位置，以获得最佳的通信效果和最大的覆盖范围，在安装集中器的施工中，需要预先勘察现场。

　　2）微功率无线集中器可以单相供电，无需安装在变压器附近。

　　3）某些地区的台区电能表归属关系比较复杂，采用微功率无线通信，可以在一个台区内安装多台集中器，或者相邻多个台区使用一台集中器。

　　集中器现场安装示例见图 3-22，是一个实际应用的物理位置图，每个小框表示一户居民的房屋，居民单相电能表分布在每栋房屋外墙。图中标注了集中器和台区变压器的位置。

　　（2）采集器安装：

　　1）应就近安装电能表表箱内，若电能表箱内无安装位置，则在其边侧安装，安装箱体应有观察窗口便于红外调试终端和单元数据采集；

　　2）485 布线应规范，接线工艺美观，接头要求接触紧密，接触电阻小，稳定，可靠。

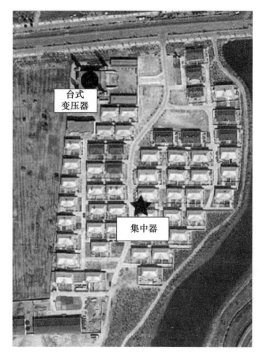

图 3-22　集中器现场安装示例

采集器安装示意图见图 3-23 所示。

图 3-23　采集器安装示意图

（3）外置天线电能表模块安装。外置天线电能表模块外观尺寸与 I 型采集器中的通信模块一致，外置天线的增益较高，有利于无线信号传输。

在电能表安装位置无线信号屏蔽严重，无法保证数据可靠传输的情况下，可将电能表中的内置天线模块更换成外置天线模块，天线放置在信号接收良好的位置，保证信号传输稳定可靠。

（4）无线中继器安装。无线中继器的外观与Ⅱ型采集器一致，如图 3-24 所示。

在个别地区由于电能表距离过于分散或信号屏蔽等原因，造成无法实现终端全部组网的情况，可加装无线中继器。无线中继器要安装在适当位置，保证被中继的电能表通信单元能收到所属网络的无线信号，才能发挥中继作用。

（5）微功率通信天线安装。包括集中器、采集器、电能表模块及无线中继器所使用的天线，安

图 3-24 无线中继器外观

装时注意天线应固定在开阔无屏蔽的位置，有利于无线信号传输；天线要做好保护措施，防止被人为破坏或雷击。

3.3.4.4 运行维护

微功率无线通信方式运行维护具有下列特点。

（1）操控方便。使用无线手持机，可通过无线传输方式，远距离（50m以内）调试集中器、采集器和微功率通信模块，方便调试维护。

（2）升级简易。微功率通信模块支持无线升级，以广播方式同时批量升级某一区域的微功率无线采集终端，使用方便快捷。

目前微功率无线采集方式在国内多个地区大规模使用，但各地使用效果不一，造成通信效果差异的主要原因如下：

（1）偏僻地区以及新建成楼盘的 GPRS 信号较差，导致集中器离线率较高；

（2）对于无信号或者停电造成集中器离线等无法采集的情况，主站并没

有进行筛选，仍然统计到整体的采集率中；

（3）电能表通信参数混乱，导致无法正确抄收；

（4）管理、维护不到位。

3.3.4.5　应用难点

（1）可能影响有线模拟电视接收。微功率无线通信技术使用 470M～510MHz 频段，符合无〔2005〕423 号《微功率（短距离）无线电设备的技术要求》的规定，在广电的有线电视电缆信号泄露的情况下，可能会影响模拟电视信号的接收效果；

（2）频率干扰。由于不是电力行业的专用频率，可能与其他无线电信号冲突，影响通信效果；

（3）天线受到破坏。集中器、采集器无线通信单元的天线可能受到外力破坏，造成通信不良。

3.3.5　发展趋势

微功率无线通信技术可采用更高效的调制技术，进一步提升通信速率到 100kbit/s 以上，承载更大的数据载荷，开拓新业务。

另一个趋势是微功率无线通信技术和电力线载波通信技术相互融合。这两种技术的互补性强，无线通信技术能够较好保证通信的实时性，电力线载波通信技术能够识别电能表所属的台区和相位；两种技术的融合，还能够全面提升一次抄读成功率，满足用电信息采集可靠性需求。

3.4　RS–485 总线通信技术

3.4.1　技术简介

在用电信息采集系统范畴中，RS–485 将专变采集终端、载波采集器、无线采集器，或Ⅱ型集中器与电能表之间采用两线制建立连接，是实现数据通信的符合 TIA/EIA–485 串行通信标准的总线协议。

电能表、专变采集终端、载波采集器、无线采集器、Ⅰ型集中器、Ⅱ型集中器均配备有 RS–485 接口。

3.4.2 技术原理

3.4.2.1 原理

电能表的 RS–485 接口处于弱电端子排，占用两个端子，分为 A 和 B；采集器配备有两路 RS–485 接口，其中一路是抄表用，另一路是上行/维护用；Ⅰ型集中器配备有两路 RS–485 接口，其中一路用于接台区总表，另一路用于级联。

在使用过程中需要按照 A–A 与 B–B 的方式组成总线式网络，采集设备与电能表的 RS–485 总线连接图如图 3–25 所示。

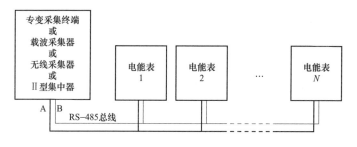

图 3–25　RS–485 总线连接图

3.4.2.2 物理架构

RS–485 数据信号采用差分传输方式，也称作平衡传输，它使用一对双绞线，将其中一线定义为 A，另一线定义为 B，最简单的两点之间的物理架构如图 3–26 所示。

图 3–26　RS–485 的两点物理架构

通常情况下，发送器 A、B 之间的正电平在+2～+6V，是一个逻辑状态；负电平在-2～-6V，是另一个逻辑状态。在 RS-485 器件中，一般还有一个"使能"控制信号。"使能"信号用于控制发送器与传输线的切断与连接，当"使能"端非使能时，发送器处于高阻状态，称作"第三态"，它是有别于逻辑"1"与"0"的第三种状态。

对于接收器，也作出与发送器相应的规定，收、发器通过屏蔽双绞线将 A-A 与 B-B 对应相连。当接收端 A-B 之间有大于+200mV 的电平时，输出为"正"逻辑电平，小于-200mV 时，输出"负"逻辑电平。接收信号电平示意如图 3-27 所示。

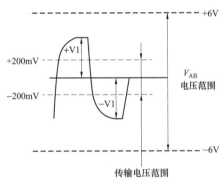

图 3-27　RS-485 接收信号电平示意图

定义逻辑 1（正逻辑电平）为 B＞A 的状态，逻辑 0（负逻辑电平）为 A＞B 的状态，A、B 之间的压差不小于 200mV。

通常，RS-485 网络采用平衡双绞线作为传输媒体。平衡双绞线的长度与传输速率成反比，只有在 20kbit/s 速率以下，才可能使用规定最长的电缆长度，只有在很短的距离下才能获得最高速率传输。如果采用光电隔离方式，则通信速率一般还会受到光电隔离器件响应速度的限制。

RS-485 网络采用直线拓扑结构，需要安装 2 个终端匹配电阻，其阻值要求等于传输电缆的特性阻抗（一般取值为 120Ω，终端匹配电阻安装在 RS-485 传输网络的两个端点，并联连接在 A-B 引脚之间）。在短距离、低波特率传输时可不加终端匹配电阻，一般来说，通信距离在 300m 以下、波特率不大于 19 200bit/s 时不需终端匹配电阻。

3.4.2.3　通信协议

电子工业协会（EIA）于 1983 年制订并发布 RS-485 标准，并经通信工业协会（TIA）修订后命名为 TIA/EIA–485–A，习惯地称之为 RS–485 标准。

RS–485 标准只对接口的电气特性做出规定，而不涉及接插件、电缆或协议，用户需要在 RS–485 应用网络的基础上建立自己的应用层通信协议。在用电信息采集系统中，应用层协议为 DL/T 645。

RS–485 标准是基于 PC 的 UART 芯片上的处理方式，其通信协议也规定了串行数据单元的格式（8-N–1 格式）：1 位逻辑 0 的起始位，6/7/8 位数据位，1 位可选择的奇（ODD）/偶（EVEN）校验位，1/2 位逻辑 1 的停止位。

目前，RS–485 在国内有着非常广泛的应用，许多领域，比如工业控制、电力通信、智能楼宇等都经常可以见到具有 RS–485 接口的设备。

3.4.3 技术特点

RS–485 最大的特点是标准化程度高，到目前为止已经使用了近 30 年时间，技术非常成熟，通常被用作一种经济、高噪声抑制、高传输速率、宽共模抑制的长距离通信方式。

虽然 RS–485 采用了最简单的两线制网络，但 A、B 线必须区分，不能接反；另外，当需要高速或远距离通信时，必须注意阻抗匹配问题。

（1）RS–485 的电气特性：逻辑"1"以两线间的电压差为+（2～6）V 表示；逻辑"0"以两线间的电压差为–（2～6）V 表示，抗信号衰减能力强；

（2）RS–485 的传输速率高，理论上最高达 10Mbit/s （实际使用中受限于隔离光耦）；

（3）RS–485 采用了平衡驱动器与差分接收器的组合，抗共模干扰能力强；

（4）RS–485 的传输距离远，最大的通信距离约为 1219m（10kbit/s 传输速率）；

（5）RS–485 总线可并联的节点数量多，在不增加驱动器的情况下，最大支持 32 个节点。

3.4.4 工程应用

在当前的用电信息采集系统中，RS–485 作为本地通信接口主要用于专变采集终端、载波采集器、无线采集器或Ⅱ型集中器与电能表之间建立数据通信；Ⅰ型集中器与台区总表或配变终端之间的通信，以及Ⅰ型集中器的级连接口也采用 RS–485。

RS–485 在半载波组网台区的应用如图 3–28 所示。

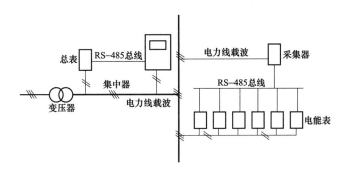

图 3–28　RS–485 在半载波组网台区的应用

RS–485 作为一种多点差分数据传输的电气规范，被应用在许多不同的领域，承载更多的业务，比如水表抄表系统。

3.4.4.1 工程施工与运行维护

需要在集中器与电能表之间敷设 485 通信线，存在额外的施工量。

（1）RS–485 信道易遭受人为破坏、雷击损坏等影响，与传统的电力线载波通信方式比较，增加了较大的维护量。

（2）Ⅱ型集中器以一栋楼房或居民单元作为抄收范围，管理电能表数量较少，Ⅱ型集中器所需数量较多，从而增加了 GPRS 运行费用。

3.4.4.2 应用难点

RS-485 是一种低成本、易操作的两线制通信总线，但在实际应用中，往往存在节点数量多、分布远、干扰强的情况，所以通信的可靠性不高。假如有一个节点出现故障时，可能会导致系统整体瘫痪，而且现场难以排查。经常出现的故障如下：

（1）当某个节点的接线因松动或者生锈而出现虚接现象时，会导致后续节点通信不可靠或者完全无法通信；

（2）当任何一个节点发生某种短路（如铜丝搭碰现象）时，会导致该总线完全瘫痪；

（3）当某个节点的 A、B 线极性接反时，会致使该 RS-485 总线通信完全瘫痪；

（4）当某个节点的 RS-485 芯片损坏时，假如 A 线或 B 线对电源（或对地线）击穿，则该 RS-485 总线完全瘫痪；

（5）当某个节点因出现死机而使其 RS-485 芯片处于长发状态，会造成该 RS-485 总线瘫痪；

（6）RS-485 需要额外敷设专用通信线，因此容易被不法分子破坏；

（7）当 RS-485 通信线敷设距离较远时，有遭雷击的可能；

（8）当 RS-485 通信线与强电接线混合敷设线路时，存在 RS-485 线因误搭或误碰强电而损坏的可能。

3.4.5 发展趋势

由于当前的 RS-485 接线存在 A 和 B 的极性问题，所以将来 RS-485 将向无极性转化，减少现场的施工量与后期维护工作量。

随着技术的发展，RS-485 的带负载能力也会提高，总线能够并联的设备数量将会得到增加。

随着隔离光耦技术的发展，以及高速光耦价格的降低，RS-485 的通信速率也将得到提高。

3.5　融 合 通 信 技 术

3.5.1　技术简介

根据电力线载波通信和微功率无线通信的技术特点，提出一种新的多信道技术异构组网应用模式，即：同一通信单元兼有多种介质通信能力，通过优化整合形成全载波网络模型、全无线网络模型，以及载波和无线融合网络模型等多种模型，实现两种技术的优势互补，发挥各自特长，消除通信盲区。

3.5.2　技术特点

异构网络融合了多种技术优势，可以扩大网络的覆盖范围，使得网络具有更强的可扩展性，提高网络可靠性。

电力线载波通信方式是各种通信信道中覆盖最全面最广泛的通信网络，但是电力线信道存在信号衰减大、噪声源多且干扰强、受负载特性影响大等问题，在室内短距离通信此影响不明显，但在远距离通信中上述影响对通信的可靠性形成较大的技术障碍。而微功率无线通信方式，受气候、环境、电磁干扰的影响很大，在环境存在吸波能力强的物体，或者存在多个电磁发射源的情况下，无线信道将会受到干扰。结合上述两种通信方式的优缺点，将电力线与无线的通信方式相结合，则能很好的解决其单一通信方式存在的缺点。电力线通信与微功率无线混合组网通信方式如图 3-29 所示。

这两种通信方式融合，就是在同一个通信模块上实现载波和无线通信，由主控制器控制载波芯片和无线芯片的收发，实现以载波为主无线为辅的单模块双通道通信模型。这种通信方式并没有改变载波和无线的物理特性，而是充分利用载波和无线的各自优点，实现信道互补。载波信道已可实现日

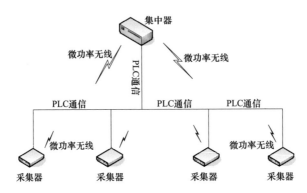

图 3-29　电力线通信与微功率无线混合组网通信方式

抄收 95%的成功率，利用无线的优点可解决剩余 5%用户的数据抄收，实现 100%的日抄收成功率。

3.5.3　工程应用

根据通信和工程综合考虑布置集中器安装位置问题。微功率无线网络中心点是指场强的中心点；载波通信网络中心点是指供电负荷中心点，一般为变压器。若两个中心物理位置不一致，则有集中器安装位置选择的问题。

目前，这种融合通信技术已在国内进行了小规模现场应用。下面以现场采集的数据为例，计算融合通信对通信成功率的改进效果。

举例：以 40 个台区 4952 户为试验样本，三种通信模式抄收效果对比见表 3-2。

表 3-2　　　　　　　　　　三种通信模式抄收效果对比表

台区数	户数	直抄单载波平均成功率	直抄单无线平均成功率	双模直抄总平均成功率	1 级中继成功率	2 级中继成功率	总成功率
40	4952	78.4%	75.9%	92.4%	7.3%	0.3%	100%

采用单载波通信模式成功率为 78.4%。

采用单无线通信模式成功率为 75.9%。

采用载波和微功率无线融合通信模式成功率提升为 92.4%，经过中继后还可进一步提高到 100%。

3.5.4 发展趋势

随着技术的发展，可进一步改进融合两种方式的通信模块，实现单 MAC 地址，这样集中器就无需分辨采集器或电能表究竟采用的是无线还是载波通信模式，实现了完全合二为一，降低了融合通信成本。

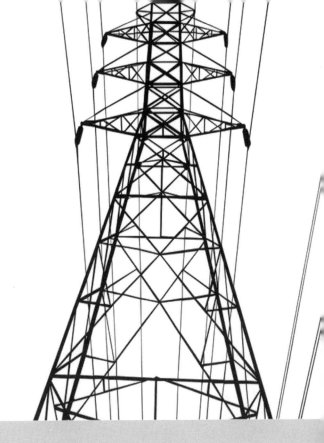

第 **4** 章

通 信 关 键 芯 片

智能电网是将先进的传感测量技术、信息通信技术、分析决策技术、自动控制技术和能源电力技术相结合，并与电网基础设施高度集成而形成的新型现代化电网。通信、信息和现代管理技术的综合运用，将大大提高电力设备使用效率，降低电能损耗，使电网运行更加经济和高效。随着我国智能电网的建设，电网的发电、输电、变电、配电、用电环节以及通信信息基础平台的数据采集、传输和控制都离不开芯片的支持。近年来，我国加速发展电子信息制造业，逐步突破核心电子器件、高端芯片等领域的关键技术，大力推进实施核心电子器件高端芯片、大规模集成电路制造装备及成套工艺，通信芯片产品在用电信息采集系统中的应用和推广有力地提升了电网的智能化水平。目前，应用于用电信息采集系统的通信关键芯片主要有 LTE230 芯片、EPON 芯片以及微功率无线芯片等。

4.1 LTE230 通信芯片

4.1.1 芯片简介

在远程无线通信技术方面，目前主要依靠租用 GPRS 公网实现用电信息的远程采集。租用无线公网具有前期投资少、建设周期短、可满足用电信息采集业务快速部署和业务开展的要求等特点，因此在早期普遍采用这种方式开展用电信息采集业务。但随着用电信息采集系统规模的扩大，GPRS 无线公网逐渐暴露出诸多问题：采集成功率低、存在信息安全隐患、不同的电力用户无优先级保障等。

LTE230 无线宽带通信芯片采用先进的 TD-LTE 技术，工作于电力 230MHz 专用频段，相比于 GPRS 速率更高、安全性更强，可满足未来用电信息采集系统对大数据量、高可靠性的要求，其主要优势有：

1）芯片可实现 200kbit/s 级别的远程无线通信速率，相比 GPRS 等无线公网有质的飞越，除了满足传统的用电信息采集需求，还能实现移动办公、视频监控等高带宽业务应用。

2）芯片工作在 230MHz 电力专用频段，基于此芯片的用电信息采集通信组网无需租用运营商公共网络，运营费用大大降低。

3）芯片使用了干扰协调、频谱感知等 TD–LTE 关键技术，极大提高了无线通信的抗干扰能力。

4）相比传统的远程无线通信芯片，LTE230 芯片功耗更低，更适于在智能电表、集中器等用电信息采集设备中使用。

4.1.2 关键技术

LTE230 通信芯片实现的关键技术如下。

4.1.2.1 载波聚合技术

电力 230MHz 专网是按照 25kHz 每个频点进行分配，一共 40 个频点，共计 1MHz 带宽，如图 4–1 所示。该频段无线信道分配的带宽比较窄，而且相邻信道之间存在一定间隔，LTE230 芯片采用了载波聚合技术有效解决了频带资源受限的问题。

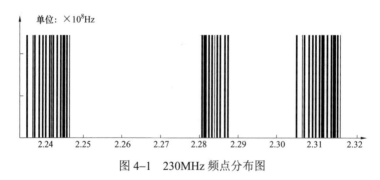

图 4–1　230MHz 频点分布图

载波聚合技术将每个离散的信道看做一个成员载波，将不连续分配的成员载波进行聚合，并统一分配给单用户使用，可以产生大于原来窄带系统几倍的传输带宽，达到宽带传输的效果。结合高阶调制等其他通信技术，在 40

个频点 1MHz 带宽上，单个终端的最大上行速率可以达到 1.76Mbit/s，远远大于单频点 25kHz 下的传输速率。LTE230 芯片所用的载波聚合技术示意图如图 4–2 所示。

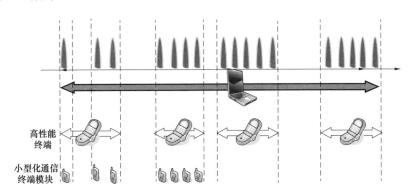

高性能
终端

小型化通信
终端模块

图 4–2　LTE230 系统载波聚合的示意图

4.1.2.2　TDD 双工技术

目前移动通信的双工方式主要分为 FDD 和 TDD 两种，LTE230 芯片采用了 TDD 双工方式。在离散窄带频谱的通信系统中，离散信道的分布和数量是难以预测的。由于不同地域的模拟电台的数量和工作频点都有不同，所以预留出来供 LTE230 系统使用的频点也很难预测。FDD 模式需要预先对上下行频点进行设定，这样势必造成系统灵活性的下降，导致上下行信道容量由于信道频点的改变而无法预测。而 TDD 则不存在上述问题，上下行的信道容量通过时分方式，比例可以任意控制，即使频点改变，上下行容量也同时改变，比例保持不变。除了这一优势之外，TDD 还有收发信机设计复杂度较低、收发信机成本更低的优势。

由于电力通信的业务特点是上行业务数据量比较大，下行的业务量比较小，例如用电信息采集业务、视频监控业务等，都是以上行业务传输为主。与传统电信系统下行带宽比例要求高不同，电力系统要求很高的上行带宽。采用 TDD 方式能够根据电网实际需要，灵活进行配比，满足高上行带宽要求。

TDD 双工技术示意图如图 4-3 所示。

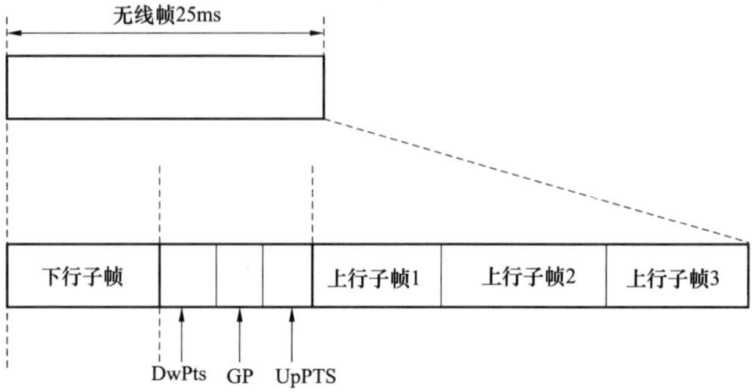

图 4-3　TDD 双工技术示意图

4.1.2.3　OFDM 技术

移动通信主要的多址方式主要有 FDMA、TDMA 和 CDMA。在 FDMA 方式中 OFDM（Orthogonal Frequency Division Multiple Access）是最有优势的一种。OFDM 调制是第四代移动通信的主要调制方式，与普通的 FDMA、TDMA、CDMA 相比有以下优势：

（1）带宽扩展性强。

（2）抗频率选择性衰落的能力强。

（3）通过频域均衡可以实现低复杂度的接收机。

OFDMA 的发射机结构如图 4-4 所示，接收机结构为发射机的逆过程。

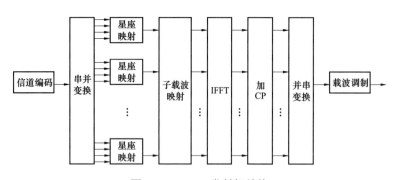

图 4-4　OFDM 发射机结构

OFDM 系统也有一些缺点需要克服，OFDM 信号具有较高的 PAPR，载波频偏和多普勒频移均会影响系统的性能，LTE230 芯片中设计了相应的解决方案。

4.1.2.4　自适应调制与编码技术

LTE230 芯片采用自适应调制与编码技术（AMC），其中调制可采用 QPSK、16QAM 和 64QAM，图 4-5 给出了不同调制方式的星座图。低阶调制可以容忍更高强度的干扰，但传输比特率较低；高阶调制可以在信道条件较好时能提供更高的比特率。不同调制阶数和码率的最佳切换点取决于很多因素，包括要求的服务质量和小区吞吐量等。

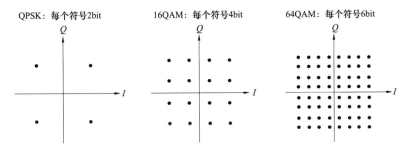

图 4-5　不同调制方式星座图

自适应链路技术根据信道条件的变化，动态选择适当的调制和编码方式（Modulation and Coding Scheme，MCS），变化周期为一个传输时间间隔（Transmission Time Interval，TTI）。通过精细地设计 MCS 步进阶梯以及精巧的信道信息获取机制，再配合频选调度、功率控制、HARQ 等技术，使系统具有迅速高效地响应信道变化、提高链路性能以及最大化系统容量的能力。

AMC 技术使得系统能够动态监测信道变化情况，并根据信道条件变化动态选择调制和编码方式，保证系统解调性能，从而有效提高抗干扰能力。配合动态时频资源调度功能，能够为终端自动分配信道质量比较好的时频资源，使频谱资源获得充分利用。

4.1.2.5　信道编译码技术

LTE230 芯片广播信道和控制信道等低数据率的信道采用卷积码和分组码。对于业务信道数据速率可变，采用的信道编码需要具有灵活性和可扩展性。在给定的调制方案下，系统选择的码速率取决于无线链路条件，较低码率在低信噪比的信道条件下使用，较高的码率在高信噪比的信道条件下使用。LTE230 芯片业务信道采用 Turbo 码、卷积码作为纠错码，CRC（cyclic redundant check）码作为检错码。纠错码、检错码与 HARQ 结合，可以使系统的吞吐量最大化。

4.1.2.6　干扰协调技术

在 LTE230 通信系统中每个小区内分配的系统资源是正交的子载波资源。这种正交的子载波资源分配方式对用户的区分可以保证同一小区内的用户间干扰达到很小，甚至可以忽略，因此小区内用户所受的干扰主要来自相邻小区。所以，在 OFDM 系统中的邻小区间的同频干扰是个不容忽视的问题。

通过采用软频率复用技术，LTE230 芯片解决了此问题，提高了边缘用户吞吐量及频谱效率，保证了较高的系统吞吐量及频谱效率。在软频率复用中，所有的频段被分成了两组子载波，一组称作主子载波，另外一组称作辅子载波。主子载波能够在小区的任意地方使用，而辅子载波只可以在小区中心使用。不同小区间的主子载波是相互正交的，在小区的边缘能够有效地抑制干扰；辅子载波只被用在小区的中心，相互间的干扰小，可以使用相同频率。

4.1.2.7　频谱感知技术

LTE230 通信系统具备发射功率低、杂散发射小等特点，其接入设备及终端设备的最大发射功率为 50mW，远低于数传电台的发射功率。同时该系统的邻道泄漏抑制能力符合国家要求，使得带外杂散功率满足国家在该频段上要求的–23dBm，因此对数传电台的影响很小。其他系统对 230MHz 无线宽带通信系统的影响也较小。LTE230 芯片采用 OFDM 调制技术、Turbo 编码技术，具有优越的解调性能，从而具有较强抗干扰能力。并且通过应用高阶滤波器、设计大动态范围接收机，大幅提高系统抗干扰能力、增强系统抗阻塞能力。只要强干扰源不是和本系统共址，且出现在第一和第二邻道，那么对 LTE230 通信系统的影响也很小。

即使出现了共址强干扰源，且出现在第一和第二邻道，LTE230 芯片采用的频谱感知技术也能够很好地解决该问题。系统利用频谱感知技术测量发现干扰，并借助载波聚合技术对离散频率资源的聚合能力，将其他未受强干扰的离散频点进行动态、灵活的组合利用，提升抗干扰能力，实现与数传电台的共存。频谱感知技术中，基站感知上行信道干扰，终端感知下行信道干扰。当感知到有其他系统干扰的时候采取避让策略，让其他系统优先传输。LTE230 芯片周期性进行频谱感知，当检测到干扰消除后，恢复工作。

4.1.3　芯片功能

LTE230 芯片的主要功能如下：

（1）集成高性能处理器。LTE230 芯片集成了一个高性能处理器，满足物理层（频域及比特级数据）处理能力。

（2）集成 Flash SPI 接口。LTE230 芯片提供了一个与 SPI 从设备外设进行接口的串行通道，如 SPI EERPOM、SPI Flash。该 SPI 接口采用 Motorola SPI 协议格式，主要用来实现芯片的 Boot 和应用程序代码数据的加载功能。在 LTE230 芯片完成 Boot 操作后，该接口可以通过 DSP 编程实现对外挂 SPI Flash 存储器的各种读、写操作。

（3）集成 DSP 中断控制器。LTE230 芯片上集成了一个中断控制器，主要是用来给 DSP 处理器提供一个对各个中断源集中控制处理通道。该中断控制器在接受了所有的中断源后，将汇总并输出两个中断信号给 DSP 处理器。中断控制器支持优先级功能、中断屏蔽功能和电平触发中断功能。

（4）集成 8 通道 DMA 控制器。LTE230 芯片集成了一个 8 通道 DMA

（Direct Memory Access，存储器直接访问）控制器，提供存储器到存储器、存储器到外设、外设到存储器之间的自动传输功能。该通用 DMA 控制器可以极大地提高 DSP 处理的带宽利用率，使得 DSP 得以将主要处理带宽用于物理层、MAC 层的处理。

（5）集成 Timer 定时器模块。LTE230 芯片集成 4 通道定时器模块，具有 4 个可独立编程控制的 32 位定时器。该定时器在被使能或减计数到零时，将产生重载定时器初值事件，并产生中断事件。DSP 可以通过 APB 总线对中断寄存器的实时访问来了解定时器的当前状态，或者当有定时器中断发生时，再来访问定时器的中断寄存器以了解定时器的中断情况。

（6）集成 UART 0/1 接口。LTE230 芯片集成了两个异步通信接口模块UART0/1。UART0 接口除了正常业务接口外，还提供了 Debug、Boot 功能，用于芯片调试、诊断。UART 模块还可以通过与主机的连接来实现对 LTE230芯片的实时诊断的功能。

（7）集成 WDT 定时器模块。LTE230 芯片集成了一个 32 位的看门狗定时器，该定时器提供两种 Time-out 输出模式，即中断和复位模式。中断模式下，Time-out 时会产生中断给中断控制器，等待 DSP 处理相应；复位模式下，Time-out 时会产生一个复位元给复位发生模块，产生一次全局热复位，复位效果与全局软复位类似，在系统死锁时，为系统提供保护功能。

（8）集成 I2C 接口。LTE230 芯片集成 I2C 总线控制器，该控制器由一路串行数据线 SDA 和一路串行时钟线 SCL 组成，可以工作在两个工作模式，即标准模式（数据速率从 0 到 100kbit/s）和快速模式（数据率最高可达 400kbit/s）。该模块接口主要是用来给外挂 EEPROM 存储器提供数据传输、控制通道，用以实现对外挂 EEPROM 存储器的访问。

（9）集成 Ethernet 转换器 SPI 接口。LTE230 芯片集成 SPI 主设备接口模块，支持 4 线 SPI 传输方式，帧格式选择可以通过寄存器配置来实现。该模块是用来与外挂 Ethernet 转换芯片进行通信传输的接口模块。DSP 通过该接口模块实现 Ethernet 应用功能，用以满足该类型的业务要求。

（10）集成 PWM 模块。LTE230 芯片集成脉宽调制（PWM）模块，该模块是用来给 LTE230 芯片外部有源时钟进行调整用的输出指示信号，该信号是由该 PWM 模块的定时器进行控制的。在该模块的控制下，PWM 输出信号管脚输出按一定规律变化的占空比信号，由此信号对片外 TCXO 进行调整，使得系统所需的 19.2MHz 参考时钟在各种情况下均能保持稳定，为系统的稳定运行提供可靠的保证。

4.1.4　芯片性能

LTE230 芯片主要性能如下：

（1）内核性能。芯片内核工作时钟频率最高 409.6MHz，采用 VLIW+SIMD 处理架构，具有以下性能特点：

a）4 个 16×16 乘法器（MAC）。

b）24 个 40bit 累加器。

c）每个复数蝶形运算需要 1.2 个周期。

d）超长指令集（VLIW），支持高度并行的计算。

e）内含单指令多数据执行单元（SIMD）。

f）内嵌通用 JTAG debug 接口。

g）支持控制指令代码。

h）内置功率管理模块。

i）强大的滤波和向量计算。

j）D/P catch 存储器 16KB/32KB。

k）D/P TCM 存储器 128KB/64KB。

（2）数据传输性能。芯片能够同时 5 个离散的频点，每单个频点上行数据速率达 44kbit/s，下行 17.75kbit/s。

（3）抗干扰性能。芯片有最高 255 阶的数字滤波器，对临近频道的抑制能力可达 65dB。

（4）高防护等级。芯片硬件设计可实现 HM 4KV、MM 400V、CDM 500V 的高等级防护指标。

（5）低功耗性能。芯片采用低功耗设计，动态功耗不高于 45mW。

4.1.5 应用现状

LTE230 芯片可在用电信息采集系统、配电自动化系统等领域广泛应用，目前已采用该芯片开展的通信组网项目情况如表 4-1 所示。

表 4-1 使用 LTE230 通信芯片组网的项目

序号	地点	应用领域
1	海盐	配电、用电、视频
2	大厂	用电、视频
3	扬州	配电、用电、视频
4	昆山	配电、用电、视频

4.2 EPON 通信芯片

4.2.1 芯片简介

在通信业"光进铜退"的大背景下，EPON 光纤接入技术凭借自身优势成为主流的光接入技术并在国内大量应用，其高速率、长距离、多业务的特点能够很好地满足用电信息采集业务的需求。

EPON 通信芯片可以方便的与电力系统设备互联，在用电信息采集系统中得到了广泛应用，同时还能应用于通信、广电、安全监控等领域。EPON 通信芯片主要优势如下：

（1）专门为电力系统设计，拥有电力系统通用的 485 接口，可以方便地与电力系统现有通信网络相连，令智能电表的普及更加方便；

（2）拥有较强的可扩展性，具备提升到千兆网络性能的能力；

（3）采用低功耗设计，更加适用于电力行业低功耗类终端设备中；

（4）基于工业级的防护性要求，适用于部署在户外的终端设备（如智能电表），可经受户外环境的考验；

（5）降低部署条件要求及维护要求，节省大量的部署、运行及维护成本；

（6）电磁兼容等级高，适合在复杂电磁环境下工作。

4.2.2　关键技术

EPON 系统使用 WDM 技术，能够进行单芯双向传输（上行 1310nm，下行 1490nm）。系统的上行方向采用 TDMA 方式完成业务传送，ONU 依据 OLT 发送的带宽授权传输上行业务；系统的下行方向信号通过广播发送到所有 ONU，每个 ONU 则采用过滤机制仅接收属于自己的数据。EPON 通信芯片严格依据 EPON 标准开发，能够实现 EPON 的各种关键技术，具体如下：

（1）多点控制协议。EPON 系统通过一条光纤将多个终端连接起来，多点控制协议就是使 EPON 的拓扑结构适用于以太网。EPON 系统建立在多点控制协议基础上，该协议是 MAC 控制子层的一项功能。在系统运行过程中，上行方向在一个时刻只允许一个 ONU 发送，位于 OLT 的高层负责处理发送的定时和不同 ONU 的拥塞报告，从而实现 PON 系统内部带宽分配的优化。多点控制协议通过消息、状态机和定时器来控制访问点到多点的拓扑结构。EPON 系统中每个 ONU 都包含一个多点控制协议的实体，用以和 OLT 中的一个多点控制协议实体通信。多点控制协议涉及的功能包括 ONU 发送时隙的分配、ONU 的自动发现和加入、向高层报告拥塞情况从而完成动态分配带宽等。

（2）支持突发工作模式。由于 EPON 系统中每个 ONU 与中心局的距离会不相同，所以每个 ONU 的光信号所经历的衰减也不尽相同，到达 OLT 之后光信号的功率也会不同。为了保证 OLT 能够正确地检测接收到的信号，对于 ONU 的光收发器要求其在不传输数据时应关闭其激光器，而在激光器开启后能够迅速地进入稳定状态。

（3）快速突发同步技术。因为 EPON 上行为多点对一点的 TDMA 通信方式，EPON 系统的测距机制保证不同 ONU 发送的信元在 OLT 端互不碰撞，但测距精度有限，为了保证 OLT 端接收到的数据流为近似连续的数据流，必须在信元到达的前几个比特内实现快速突发比特同步。突发同步技术主要有关键字检测法、门控振荡器法以及模拟方式等。

（4）动态带宽分配。在 EPON 系统的上行方向，采用时分多址接入方式实现多个 ONU 对上行数据通道的接入，其带宽分配方案可分为静态带宽分配和动态带宽分配。静态带宽分配方式实现简单，但带宽利用率低、带宽分配不灵活、对于突发性业务适应能力差。为了满足高带宽利用率、公平性好、高 QoS 要求的要求，EPON 系统要实现动态带宽分配，OLT 根据 ONU 的实时带宽请求，通过特定的带宽分配算法为 ONU 动态分配上行带宽，从而动态控制每个 ONU 的上行带宽，同时保证各 ONU 上行数据帧互不冲突。

（5）测距技术。由于每个 ONU 与 OLT 的光纤路径不同，每个 ONU 设备或元器件的不一致性，使得 OLT 与每个 ONU 之间的时延都不同。而且，由于环境温度的变化等因素，OLT 与 ONU 之间时延也会不断发生变化。因此，EPON 系统必须引入测距技术对时延差异进行补偿，从而保证每个 ONU 发送的信号能够在 OLT 处准确地实现复用。测距包括静态测距和动态测距，静态测距主要在新装 ONU 调试阶段或 ONU 重新运行时采用；动态测距则在系统运行过程中采用。

（6）安全技术。在 EPON 中，下行数据是通过广播的方式发送的，如果系统中接入了恶意 ONU，会对下行数据安全造成威胁，因此解决系统的安全性对 EPON 是很关键的问题。为了预防这类安全风险，必须对数据进行加密。对于 EPON 系统，加密和解密能够在物理层、数据链路层或者更高的协议层实现。

4.2.3　芯片功能

EPON 芯片是应用于 EPON 系统 ONU 设备的核心芯片，采用先进的光纤通信 EPON 协议，具有保密性好、差错率低、成本低廉等特点；同时提供丰富的外设接口，满足智能电网建设实际需要。芯片的主要功能如下：

（1）集成 1 个 EPON SerDes、1 个 IEEE 802.3ah EPON MAC、1 个 IEEE 802.3 10/100M MAC、1 个 IEEE 802.3 10/100M PHY、1 个增强型的 80C51 处理器；

（2）支持 IEEE 802.3ah 协议、中国电信标准定义的扩展 OAM 协议、中国电信标准定义的三重扰动解密算法；

（3）10M/100M 自适应以太网接口，支持以太网包限速机制、支持灵活可配置的 VLAN 处理机制；

（4）1.25G PON 光纤接口、支持 PON 口上下行对称的 1.25Gbit/s 流量；

（5）丰富的外设接口，支持 2 个 UART 接口，4 个 UART485 接口，1 个 8 位的并口，7 个 GPIO 接口，1 个 I2C 接口，11 个 LED 控制接口；

（6）硬件支持 485 接口，具有速率自适应功能；

（7）3.3V I/O，2.5 V I/O 和 1.0V 内核电压，超低功耗；

（8）支持设备报警接入、在线升级、VLAN 协议。

4.2.4　芯片性能

EPON 通信芯片的主要性能参数见表 4-2。

表 4–2   EPON 芯 片 性 能

参　数	指　标
外形尺寸	LQFP144
工作温度	−40℃～+85℃
工作湿度	20%～90%
工作电压	1.0V
功耗	≤0.25W（典型工作场景）

EPON 芯片以模块的形式应用于各类通信产品中，能够提供各种常用的通信接口，可以实现与众多厂家设备的互联互通。ONU 模块基本结构如图 4-6 所示，此模块是应用于无源光网络系统中用户侧 ONU 设备的主要光通信模块。

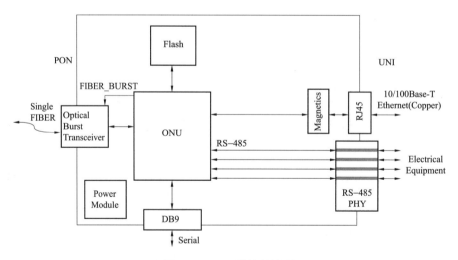

图 4–6　ONU 模块结构图

ONU 模块性能参数如下：

1）单相电表 ONU 模块性能参数。

a）业务接口。

——上行：EPON 口（PON）；

——下行：4 路 RS232/485（复用）。

b）物理性能。

——功耗：小于 1W；

——供电电压：直流 12～24V 宽范围输入、直流–48V、交流 110～220V 宽范围输入；

——尺寸：235mm（宽）×145mm（深）× 44mm（高）；

——工作温度：–40～85℃；

——无风扇设计；

——工作湿度：4%～100%；

——电磁兼容符合电力 IV 级认证；

——重量：小于 1kg。

2）采集器 ONU 模块。

a）业务接口。

——上行：EPON 口（PON MAC）；

——下行：1 路 10/100 Base–T（RJ45），4 路 RS232/485（复用）。

b）物理性能。

——功耗：小于 1W；

——供电电压：直流 12～24V 宽范围输入、直流–48V、交流 110～220V 宽范围输入；

——尺寸：235mm（宽）×145mm（深）×44mm（高）；

——工作温度：–40～85℃；

——无风扇设计；

——工作湿度：4%～100%；

——电磁兼容符合电力 IV 级认证；

——重量：小于 1kg。

4.2.5　应用现状

随着全球智能电网的建设和发展，智能电网要求实现信息采集全覆盖，用户用电信息全采集，达到实时了解负荷情况的要求，通过电力用户负载情况来预测电网容量，进一步提高用电效率。

为了实现这些目标，EPON 芯片能够用于基于智能电能表（光纤）技术标准的 EPON 智能电能表，该类型电能表能够向家庭智能用电系统实时传送电压、电流、有功功率、电能示值、需量、时钟、费率和时段、用户用电量、电费余额或剩余电量等信息。EPON 智能电能表可以提高电力用户用电信息采集系统信息传输的带宽、实时性、可靠性、安全性，能够实现电力公司和用户之间的双向互动、家庭智能用电以及用户侧的需求响应，有效支撑智能电网建设。

除了在用电信息采集系统中应用外，EPON 芯片还可应用于安防监控、图像采集业务等领域。城市安防监控系统在城市的安全保障、综合管理等领域都处于核心地位，是现代化城市管理系统的重要基础。城市安防监控系统具有系统规模大、分布范围广的特点，而且系统中有巨量的视频数据要进行传输、管理、录像等处理，因此对通信系统的带宽需求非常大。基于 EPON 芯片开发的 EPON 安防监控系统，能够满足构建安防监控接入平台的各方面需求。系统在实现安防监控接入平台视频监控要求的基础上，还可以提供语音等综合业务，不仅可以将各个监控点的图像信号传送到监控中心，而且可以接入监控点的语音业务，出现突发状况时更方便与公安、消防等部门的实时沟通。

4.3　微功率无线通信芯片

4.3.1　芯片简介

基于微功率无线通信芯片的自动抄表系统被认为是未来用电信息采集

系统的发展方向。微功率无线通信技术一方面可以克服其他通信方式在某些抄表应用场合的不足，而且施工方便，不需要额外铺设电缆；另一方面，通信不受限于电网特性，可对跨台区、复杂用电环境快速实施抄表方案，而且通信速率快、实时性高，可以实施远程预付费、远程拉合闸等应用。

微功率无线通信芯片采用 470M～510MHz 频段的微功率无线通信技术，底层基于 IEEE 802.15.4 标准，主要优势如下：

（1）无需人工设置，全智能自动组网、自动路由，无路由级数限制，系统适应各种复杂、多变的现场环境。

（2）采用网状拓扑结构，多路径数据传输，支持多路由级数。

（3）支持节点自动注册，网络中新增、减少节点，可以自动增减节点入网，更换路由。

（4）采用多信道跳频通信，具备高抗干扰性。组网完成后信道组号相对固定，如果运行频点受干扰接收效果差，则自动跳频到该信道组的其他频点工作。

（5）微功率无线 MAC 层采用 CSMA/CA 冲突避让，自动重发机制，避免数据帧的冲突。

（6）微功率无线网络层采用改进的主动路由协议，同时采用最短路径和信号质量均衡法则建立路径，即根据路由跳数和信道的质量计算选择最佳的路由。

4.3.2　关键技术

微功率无线通信芯片的关键技术介绍如下。

（1）射频 SoC 架构。射频 SoC 架构比普通 SoC 更为复杂。片内的高速数字信号、模拟信号、时钟信号、数字信号及接口信号的串扰会对射频通信前端的性能产生较大的影响，电源和地下的波动和串扰会恶化芯片的性能。微功率无线芯片考虑片上各模块的工作频率，减少信号谐波的交调对芯片性能的影响，也考虑各大信号间的串扰和大信号模块对芯片电源和地的污染，采用射频 SoC 架构提升芯片的性能。

（2）高性能数字接收机。微功率无线通信芯片采用了一种易于实现的均衡算法来处理基带信号。无线信道中存在的背景噪声、脉冲噪声、多径干扰等都会造成信号失真。另外，射频信号转换到基带信号也会引起信号误差，因此芯片在解调时运用信道均衡、频偏估计、差分解调等信号处理技术来抑制信号中的不良影响。

目前，频偏估计算法有非数据辅助算法和数据辅助算法类。前者完全基于极大似然准则的频率估值算法，需要经过一系列的简化近似处理后才能得到频偏估算值，其计算复杂度通常比较大，实现成本较高，且一般为极大似然意义下的准最佳估计器。后者是对训练序列（Training Sequence）或前导符（Preamble）进行相关运算，通常分为时域或频域两种。由于频域估计算法需将训练序列或前导符号做 FFT 运算后才能估算，与时域估计算法比较起来增加了 FFT 计算，但精确度却并不会有大的提升。为了避免频偏造成的影响，微功率无线芯片采用了时域估计算法。

（3）自适应帧检测。自适应帧检测的主要功能是检查是否有帧到达并进行系统位同步处理。若有帧到达，则启动基带中其他部分算法功能块，否则，其他各功能都处于空闲或休眠状态，能有效达到节省功耗的目的。微功率通信系统接收的信号和干扰功率电平都是随时间发生变化，因此帧的检测在微功率无线芯片领域显得尤为重要。

（4）低功耗 MAC 层算法。微功率无线通信芯片充分挖掘 IEEE 802.15.4 中的低功耗特性，微功率无线集抄网络的主要目的是将分散在各地表计节点的数据以固定周期收集过来，并不需要很高的带宽，只需节点采集的数据在每个周期都能有效传输，例如集中器每 15min 就要对电表节点进行一次数据采集。针对低速率和低能耗应用的特点，微功率无线芯片采用信标 CSMA–CA 算法的改进策略，在不增加特定的信标帧负荷与开销，不修改任何信息帧定义的情况下，达到提升系统的整体性能的效果。

（5）多电源域技术。为了满足电能表应用系统的需要，同时也使芯片整体性能达到最优化，微功率无线芯片应采用多电源域技术。通过多电源域设计，在保证芯片功能可靠工作情况下，可以降低芯片整体功耗。多电源域技术主要是在芯片中根据应用的不同工作模式划分为不同的电源域，每个电源域使用一个 LDO 来供电，同时，同一个 LDO 供电的区域也可以分为不同的供电情况，使用 PMOS 开关来控制。这样便可使芯片在不同的工作模式下，通过控制不同的 LDO 和 PMOS 开关的打开和关闭来达到既不影响芯片正常应用工作又能降低整体芯片功耗的目的。

（6）低功耗技术。用电信息采集芯片对功耗有严格要求，要求越低越好。微功率无线通信芯片通过特殊电路采用专门代码编写方式，使得电路的反转率达到最低程度。在逻辑综合阶段，通过综合工具对低功耗的支持，使用插入门控时钟的方式，降低时钟的使用频率，达到降低功耗的目标。

4.3.3　芯片功能

微功率无线通信芯片的主要功能如下：

（1）SoC 架构。微功率无线通信芯片需要适用于信部无〔2005〕423 号文要求的单片射频通信芯片 SoC 架构。单片射频通信芯片主要由射频前端（RFA）、基带处理器（BP）、应用处理器（AP）、电源管理单元（PMU）、通信接口、时钟电路等组成。其结构框图如图 4-7 所示。

其中，通信接口主要负责与外接数据通信和主机对芯片寄存器的配置。应用处理器主要是一个 8051 内核，实现通信的应用层、网络层及部分 MAC 层的功能。基带处理器负责部分物理层和部分 MAC 层的协议。射频前端实现无线信号的接收和发送。时钟电路根据输入参考时钟产生所需频率的射频信号、基带处理器和应用处理器所需时钟。电源管理单元包含提供射频、模拟、数字和接口电路所需的电源，并配合应用处理器实现芯片的低功耗。

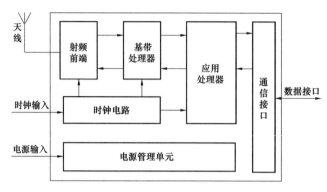

图 4-7　单片射频通信芯片 SoC 架构

（2）射频前端电路。射频前端电路实现无线信号的发射和接收，其功能框图如图 4-8 所示。RFA 包含接收和发射两个通道。接收通道由低噪声放大器（LNA）、下混频器、基带滤波和放大电路及模数转换器构成。LNA 将天线上的微弱射频信号放大，由于该放大器在射频电路的最前端，其噪声会在后级被放大，故对该放大器的噪声系数（NF）要求较高。混频器将经过放大的信号和本地精准时钟混频，将调制在射频信号上的有用信号混频到较低频率。滤波器抑制有用信号带外的杂波。AD 将有用信号量化成数字信号，供

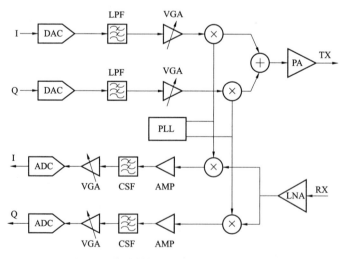

图 4-8　单片射频通信芯片 SoC 射频前端

数字基带电路协议解析。发射通道由数模转换器、增益卡编程放大器、模拟基带滤波器、上混频器和功率放大器组成。发射通路对信号的增益和线性度要求较高，按照协议要求，PA 的输出功率应能达到+17dBm（50mW）。

（3）基带处理器。基带处理器实现对中频数字信号的处理。一般在通信协议中对应物理层和部分 MAC 层内容。基带处理电路也可分为接收和发射两个模块，如图 4-9 所示，接收支路主要完成 GFSK 信号的解调、白化译码以及协议要求的基带信号处理；发射支路包含按照协议对发送数据进行处理，白化编码和 GFSK 调制等功能。

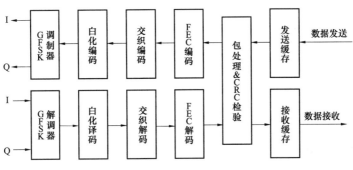

图 4-9 单片射频通信芯片 SoC 基带电路

（4）应用处理器。应用处理器实现协议中应用层、网络层及部分 MAC 层功能。应用处理器是基于 8051 内核，集成 FLASH 存储器和 SRAM，如图 4-10 所示。应用处理器还可通过控制整个芯片的功耗的开启和关断，以实现

图 4-10 应用处理器实现框图

芯片的低功耗设计。

（5）电源管理单元。电源管理单元为芯片的射频电路、时钟电路、模拟电路、数字电路、存储器、MCU 及接口电路供电。实现电压转换和电源管理功能，还可配合应用处理器实现芯片的部分功耗的关闭。

（6）通信接口。芯片提供 2 个 UART 口和一个 SPI 口。其中 UART 口主要用于芯片与其他板上电路的通信。SPI 口用于板上主机对芯片的寄存器进行配置。

4.3.4　芯片性能

目前，国内厂商对微功率无线通信芯技术进行深入研究工作，初步形成产业化规模，芯片的主要性能指标见表 4-3。

表 4-3　　　　　　　　　　　微功率无线芯片的性能

性　能	技　术　指　标
射频频率	470M～510MHz
接收灵敏度	−105dBm（GFSK）@ 470MHz
相位噪声	−112dBc/Hz @ 1MHz
最大发射功率	17dBm（50mW）
发射功耗@ +10dBm	25mA
存储容量	FLASH: 32KB SRAM: 4KB
数据保持	大于 10 年 擦写次数大于 10 万次
集成接口	SPI、UART
CPU	采用 8 位 8051CPU
工作电压	1.8～3.6V
工作温度	−40～+85℃
ESD	>4kV

4.3.5　应用现状

　　微功率无线通信技术主要应用于低压集中器、采集器之间通信以及低压集中器和电能表之间通信，按照低压集中器、采集器、电能表之间的搭配方式可分为全无线低压抄表系统和半无线低压抄表系统。

　　全无线抄表系统适用于电能表安装分散且电能表安装在户外或者楼道的情况。如南方农村、临街商铺、别墅、低层住宅、城乡结合部等。无线电能表之间形成自组织网络，集中器定时对电能表数据进行抄读、记录上报给主站系统。

　　半无线抄表方案适用于电能表安装集中且安装在户外或者楼道。如北方农村、城乡结合部、某些高层住宅、宿舍等。电能表通过 RS–485 接口连接到采集器，无线采集器之间形成自组织网络，集中器定时通过采集器透传抄读电能表数据进行抄读、记录上报给主站系统。

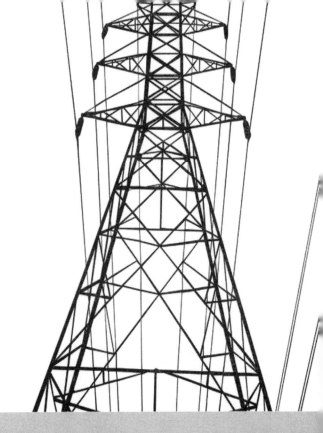

第 **5** 章

综 合 应 用 分 析

近年来，公司系统逐步建设了涵盖集中抄表、线损管理、负荷控制、有序用电管理等功能的采集系统，在公司经营管理和安全生产中发挥了积极作用。截至 2012 年 12 月，公司范围内采集系统累计覆盖 1.25 亿户。其中：专变用户 248 万，居民用户 1.23 亿户。

5.1　远程通信应用情况及分析

5.1.1　远程通信应用情况

根据"专网为主、公网为辅、多信道并行"的技术路线，远程信道采用了专网、公网互补方式，专网主要包括光纤、无线专网，由公司投资，无需支付通信费用。公网主要包括 GPRS/CDMA 无线公网、有线电视通信网、ADSL/PSTN 电话线等方式，公网由电信运营商或广电运营商提供，需支付通信租用费。

截至目前，以无线公网作为远程通信方式覆盖的用户数量为 1.21 亿只，以光纤专网作为远程通信方式覆盖的用户数量为 287.5 万只，以 230MHz 无线专网作为远程通信方式覆盖的用户数量为 39.4 万只，以有线电视网络作为远程通信仅在四川、山东有试点应用，共覆盖 8.3 万户，以其他通信方式作为远程通信方式覆盖的用户数量为 24.58 万只。目前国内采集系统还存在 GPRS 直接到表的组网方案，安装电能表数量为 26.23 万只。

5.1.2　远程通信应用情况分析

远程通信技术包括：

1）无线公网：GPRS、CDMA、3G；

2）无线专网：TD-LTE、230MHz 无线专网、WiMAX、McWiLL、Mobitex；

3）光纤通信技术：EPON 通信技术；

4）中压电力线载波通信技术；

5）有线电视通信网。

多种远程通信技术性能比较见表 5–1。

表 5–1　　　　　　　　远 程 通 信 技 术 比 较

通信技术	专网无线				公网无线		光纤	电力线载波通信	有线电视通信网
	McWiLL	Mobitex	窄带230	LTE230	GPRS/CDMA	3G	EPON	中压载波	
最高速率（bit/s）	15M	8K	19.2K	1.76M	20K	2M	1.25G	100K	10M
频率资源	1.8GHz/407MHz	230M	230MHz授权频段	230MHz授权频段	800MHz/900MHz	1.8G		40k～500kHz	
传输距离	城域3km、乡村10km	城域3km、乡村16km	20～30km	城域5km、乡村30km	不限	不限	30km	架空：10km	不限
业务保障能力	专网，稳定性好	专网，稳定性好	专网，稳定性好	专网，稳定性好	公网，延迟较大	公网，延迟较大	专网，稳定性好，高可靠	专网，稳定性好	公网，稳定性高
信息安全	较高	较高	较高	较高	低	低	高	较高	一般
产业链	北京信威公司独有，少量终端商支持	设备厂商少	完备	设备厂商少	完备	完备	完备	设备厂商少	设备厂商少
标准化情况	行业标准、国际标准	国际标准	国网企标	无	国际标准	国际标准	国际标准	无	无
适用场景	适合集抄、负控业务的配变至变电站接入部分	适合集抄、负控业务配变至变电站接入部分	负荷控制、集抄业务的配变用电信息至采集主站部分	适合集抄、负控业务的配变至变电站接入部分	集抄业务用户或配变至电力公司部分	集抄业务用户或配变至电力公司部分	适合集抄、负控业务配变至变电站接入部分	适合集抄、负控业务的配变至变电站接入部分	集抄用户或配变至电力公司部分

根据表 5–1 多种通信技术性能指标综合对比可以得出如下结论。

采集系统远程通信方式采用公网的技术有 GPRS/CDMA、3G 和有线电视通信网，公网优势和不足如下：

（1）公网优势：

1）无需建设网络，网络建设由运营商投资；

2）初始投资低，通信 SIM 卡约 20～30 元/张；

3）网络资产归属运营商，电力企业无需承担网络运维；

4）覆盖广泛，无线网络覆盖城乡，有线电视通信网络覆盖城市居住区域；

5）无线网络接入方便，在信号覆盖区域内，即插即用。

（2）公网不足：

1）长期、大规模应用将产生大量的租用费用，数据流量统计不透明。例如北京公司月租费 150M 流量 12 元/台、重庆公司月租费 3M 流量 10 元/台，吉林公司月租费 70M 流量 5 元/台；

2）部分区域 GPRS/CDMA 等无线公网终端在线率较低，不能很好地满足费控等实时性要求较高的业务；

3）业务应用依赖于运营商提供的网络资源，应用水平和推广进度受制于公网建设程度，部分区域无通信覆盖；

4）公网通信首先满足公共用户业务应用，无法保障实时性、时延等服务质量要求，且运营商网络维护并不通知电力公司；

5）存在公网系统升级换代风险，目前使用的 GPRS/CDMA 是 2G 网络，未来运营商将网络升级至 3G 后，运营商 2G 网络资源会大幅下降，服务质量更难以保证；

6）网络覆盖区域与供电区域不完全一致，有可能导致漫游费用；用电信息采集终端安装位置存在无线公网覆盖盲点；

7）有线电视通信网需完成双向改造后，才具备用电信息采集终端接入的条件；

8）随着终端数量的不断增加，存在用户密集区域无线公网信道接入能力有限，造成终端争抢信道现象，使该区域终端稳定性下降，采集成功率下降。

采集系统远程通信方式采用专网的技术有光纤专网、无线专网、中压电力线载波等，专网的优势和不足如下：

（1）专网优势：

1）可无限制流量使用，节约运行费用，长期效益明显；

2）灵活度高、可扩展性强，可以根据电力业务需求，自由规划网络；

3）实时性强，电网可以根据不同业务等级，灵活自定义业务优先级，确保实时性业务获得最优信道资源；

4）安全性保障机制完善，可采用鉴权、加密等多种安全机制，保障业务安全性；

5）可承载更多电力业务，如移动作业、应急抢修等业务，附加价值高；

6）光纤专网及无线宽带专网传输速度快、距离远、抗干扰能力强、后期扩展能力强，支持未来双向互动业务。

（2）专网不足：

1）一次投资成本高；

2）运行维护复杂，需要配备专业的运行维护机构和人员。

5.2 本地通信应用情况及分析

5.2.1 本地通信应用情况

本地通信信道主要采用低压窄带载波通信、RS-485、低压宽带载波通信、微功率无线 4 种方式。根据统计，低压窄带载波通信技术应用比例较大，覆盖用户为 8550.41 万户，占本地信道应用比例的 68.4%；其次为 RS-485 通信方式，覆盖用户为 3162.15 万户，占本地信道应用比例的 25.3%；微功率无线和低压宽带载波通信应用较少，覆盖用户数分别为 671.76 万户和 84.63 万户，分别占本地信道应用比例的 5.37% 和 0.72%。另外，GPRS 直接到表方式覆盖 26.23 万户。

5.2.2 本地通信应用分析

不同的本地通信技术在性能指标方面差异化较大，在技术原理实现，工程实施、运行管理等方面也存在一定差异。其中，具体性能比较见表 5–2，工程实施、运行管理、标准化比较见表 5–3。

表 5–2 多种本地通信技术基本性能比较表

通信技术	电力线载波			微功率无线	RS–485
	窄带低速	窄带高速	宽带		
通信速率	200～5kbit/s	10k～100kbit/s	1Mbit/s 以上	10k～100kbit/s	9.6kbit/s
频率范围	3k～500kHz	3k～500kHz	1M～50MHz	470M～510MHz	—
通信时延	百毫秒级	百毫秒级	毫秒级	百毫秒级	毫秒级
实时性	弱	较强	较强	中等	强
业务承载能力	弱	较强	较强	较强	较强
适用需求	实时性要求低	实时性要求一般	实时性要求一般	实时性要求一般	实时性要求高

由表 5–2 分析得知：电力线窄带载波方式安装方便，可满足当前基本业务需求。RS–485 通信方式从实时性、可靠性方面均优于其他通信方式，更利于下一代采集业务的拓展。电力线宽带载波方式支持并发，业务承载能力强，可承载双向互动业务，但其受频率限制传输距离较短。微功率无线通信方式业务承载能力较强，但由于存在多级路由，传输时延较大。各种本地通信技术在大部分采集系统工程中运行情况良好，但部分技术在部分地方表现出了不同的运行效果，究其原因，主要是在施工、质量、管理、维护、标准

化等方面存在一些不足和缺陷，导致部分业务未能很好满足。

表 5-3   多种本地通信技术实用化特点比较表

对比项目 技术分类	二段部署模式的本地信道			三段部署模式的本地信道	
	电力线载波	微功率无线	RS-485	电力线载波+ （RS-485）	微功率无线+ （RS-485）
工程方面	（1）无额外铺（架）设专用通信缆线，施工工作量等同于装表接电。 （2）个别低压电网噪声较大位置可能通信困难	（1）需要事先勘察现场，选择信号覆盖最佳点，确定集中器安装位置。 （2）集中器、电能表箱体为金属或位于地下室等电磁波屏蔽位置时，会产生信号屏蔽的问题，导致信号强度减弱，个别影响通信成功率。 （3）在信号弱的地方需要加装外置天线，更换通信模块，增加施工量	（1）除正常安装电能表、终端外，还需另外铺（架）设专用的485缆线，加大工程量和施工难度。 （2）终端485端子与电能表485端子间连接485线时，存在接触不良、极性接反的可能，导致抄表失败。 （3）单一电能表、终端485击穿损坏通常影响该总线所连接的所有电能表或终端	（1）除正常安装电能表、采集器、终端外，还需另外铺（架）设专用的485缆线，加大工程量和施工难度。 （2）采集器485端子与电能表485端子间连接485线时，存在接触不良、极性接反的可能，导致抄表失败。 （3）个别低压电网噪声较大位置可能通信困难	（1）需要对现场进行勘察，选择信号最佳点，确定集中器安装位置。 （2）除正常安装电能表、采集器、终端外，需另外铺（架）设485线路，加大工程量。 （3）采集器、电能表箱体为金属壳体或位于地下室时，会产生信号屏蔽的问题，个别影响通信成功率。 （4）采集器抄表485端子与电能表485端子间连接485线时，存在接触不良、极性接反的可能，导致抄表失败。 （5）在信号弱的地方需要加装外置天线，增加成本和施工量
质量影响	（1）通信模块与电能表、终端需要接口配合，如配合不当，则产生模块接触不良，影响通信。 （2）个别通信模块厂家的路由方案不完善，导致通信成功率低。 （3）电能表施工质量一般不影响通信	（1）通信模块与电能表需要接口配合，如配合不当，则产生模块接触不良，影响通信。 （2）个别通信模块厂家的路由方案不完善，导致通信成功率低。 （3）电能表施工质量一般不影响通信	（1）485总线负载能力有限，无法加载过多的电能表。 （2）存在485总线阻抗不匹配的问题，导致通信成功率低。 （3）除产品质量外，施工质量对通信的影响较大	（1）通信模块与采集器、终端需要接口配合，如配合不当，则产生模块接触不良，影响通信。 （2）个别通信模块厂家的路由方案不完善，导致通信成功率低。 （3）485总线负载能力有限，无法加载过多的电能表。 （4）存在485总线阻抗不匹配的问题，导致通信成功率低。 （5）除产品质量外，施工质量对通信有一定的影响	（1）通信模块与采集器、终端需要接口配合，如配合不当，则产生模块接触不良，影响通信。 （2）个别通信模块厂家的路由方案不完善，导致通信成功率低。 （3）485总线负载能力有限，无法加载过多的电能表。 （4）存在485总线阻抗不匹配的问题，导致通信成功率低。 （5）除产品质量外，施工质量对通信有一定的影响。 （6）施工前勘查工作不到位可能影响通信覆盖范围

续表

技术分类 / 对比项目	二段部署模式的本地信道			三段部署模式的本地信道	
	电力线载波	微功率无线	RS-485	电力线载波+ （RS-485）	微功率无线+ （RS-485）
管理方面	无额外设备管理要求	（1）现场建筑物结构、计量表数量发生变化后，需要人工调整通信参数。 （2）需额外管理频率资源，避免通信冲突	投入管理工作应对外力破坏的通信缆线	（1）需要额外管理常规营销业务中不涉及的采集器资产。 （2）需要额外管理采集器通信参数	（1）需要额外管理常规营销业务中不涉及的采集器资产。 （2）需要额外管理采集器通信参数
标准化方面	（1）大部分省市无法实现互联互通。 （2）低压电力线载波通信没有电力行业专用频段存在与其他应用领域的同频信号冲突的风险，但由于低压电力线载波在其他应用领域极少，相对微功率无线，该问题不明显。 （3）存在集中器、电能表与各种载波模块接口参数统一不到位的问题	（1）微功率无线没有电力行业专用频段部分地区存在与其他应用领域的同频信号冲突问题，如：广电电视信号。 （2）存在集中器、电能表与各种通信模块接口参数统一不到位的问题。 （3）目前已经实现互联互通	无标准化问题	（1）低压电力线载波通信没有电力行业专用频段存在与其他应用领域的同频信号冲突的风险，但由于低压电力线载波在其他应用领域极少，相对微功率无线，该问题不明显。 （2）存在集中器、采集器与各种通信模块接口参数统一不到位的问题。 （3）目前尚未实现互联互通	（1）微功率无线没有电力行业专用频段部分地区存在与其他应用领域的同频信号冲突问题，如：广电电视信号。 （2）存在集中器、采集器与各种通信模块接口参数统一不到位的问题。 （3）目前已经实现互联互通

5.3　组网及业务应用情况分析

针对目前用电信息采集通信传输信道（远程信道+本地信道）综合组网情况以及业务应用情况两部分进行对比分析。综合组网应用以抄表成功率为依据，对采集信道从整体上进行分析，并在经济上进行建模研究。业务应用分析从采集系统承载多种业务需求的角度出发，结合各自业务的特点进行分析。

5.3.1 综合组网应用

用电信息采集本地组网方式可分为以下七种模式：

1）窄带载波集中器+窄带载波采集器+RS–485 电能表；

2）窄带载波集中器+窄带载波智能电能表；

3）微功率无线集中器+微功率无线采集器+ RS–485 电能表；

4）微功率无线集中器+微功率无线智能电能表；

5）宽带载波集中器+宽带载波采集器+RS–485 电能表；

6）Ⅱ型集中器+RS–485 电能表；

7）专变采集终端+RS–485 电能表。

远程通信技术分为无线公网、光纤专网、230MHz 无线专网、有线电视通信网、其他无线专网等多种技术。将远程通信方式与本地组网方案相结合统计采集成功率，具体采集成功率应用情况见表 5–4。

表 5–4　　　　　　　　用电信息采集系统各方案采集成功率

部署模式	远程通信技术	本地通信技术	电能表覆盖量（万只）	一次采集成功率	日均采集成功率
一段式	无线公网	GPRS	26.23	97.40%	98.70%
	光纤专网	EPON	0.76	100%	100%
二段式	无线公网	窄带电力线载波通信	4949.18	90.57%	94.34%
	无线公网	微功率无线通信	317.98	93.68%	95.85%
	无线公网	RS–485	3048.7	95.32%	97.97%
	无线专网	RS–485	39.38	96.38%	98.07%
	光纤专网	窄带电力线载波通信	187.61	92.10%	97.72%
	光纤专网	RS–485	42	98.15%	99%
	其他通信方式	RS–485	21.51	95.83%	98%
	有线电视网络	RS–485	8.3	96.90%	98.07%

部署模式	远程通信技术	本地通信技术	电能表覆盖量 （万只）	一次采集成功率	日均采集成功率
三段式	无线公网	宽带电力线载波通信、RS-485	74.57	93.66%	97.07%
	无线公网	窄带电力线载波通信、RS-485	3354.56	91.61%	94.83%
	无线公网	微功率无线通信、RS-485	353.78	92.80%	95.91%
	光纤专网	宽带电力线载波通信、RS-485	10.06	94.65%	98.00%
	光纤专网	窄带电力线载波通信、RS-485	60.02	92.31%	96.91%
	其他通信方式	窄带载波、RS-485	3.07	90.31%	95.91%

通过表 5-4 的数据，仅从各种信道传输的采集成功率上看，现阶段远程通信信道主要采用无线公网，本地通信信道主要采用窄带电力线载波方式，此方案施工简单、一次性投资较小，适用于用电信息采集初期建设阶段。

远程信道采用电力无线专网，本地信道采用 RS-485、无线微功率、宽带电力线载波通信等方式，此类方案施工难度适中，投资较高。通信系统传输稳定性、传输速率和采集成功率较无线公网和窄带载波要高，可为电能表费控、综合服务等增值功能提供通信信道参考。

远程信道采用光纤专网、本地信道采用 RS-485 的采集成功率最高，此方案得益于较少的节点和稳定的通信信道。光纤通信信道带宽大、速率快，可很好地满足采集系统的通信信道带宽需求，是采集系统通信信道理想的解决方案。

依据上述三种部署模式的用电信息采集成功率，对各种通信技术进行详细的对比，总结出以下 12 种组网方案，并针对吞吐量、时延、安全性、可靠性、并发能力和业务承载能力进行剖析。

表 5–5 各种组网方案通信技术参数对比表

组网方案	吞吐量（bit/s）	时延	安全性	可靠性	并发能力	业务承载能力
无线公网+窄带载波	20k/8k	高/高	低	低	有/无	低
无线公网+微功率无线	20k/10k	高/较高	低	较高	有/有	较低
无线公网+宽带载波	20k/2M	高/较低	低	较高	有/有	较低
无线公网+RS–485	20k/9.6k	高/低	低	较高	有/无	较低
光纤专网+窄带载波	100M/8k	低/高	高	较低	有/无	低
光纤专网+微功率无线	100M/10k	低/较高	高	较高	有/有	较高
光纤专网+宽带载波	100M/1M	低/较低	高	较高	有/有	较高
光纤专网+RS–485	100M/9.6k	低/低	高	高	有/无	高
有线电视网络+RS–485	10M/9.6k	低/低	较低	高	有/无	高
230MHz 无线专网+RS–485	2.4k/9.6k	高/低	较高	较高	无/无	低
LTE230 无线专网+RS–485	1.5M/9.6k	较低/低	较高	高	有/无	较高
LTE230 无线专网+窄带载波	1.5M/8k	较低/高	较高	高	有/无	较高

5.3.2 业务应用需求分析

根据上文对各种通信信道技术参数的分析对比，以下结合当前用电信息采集的业务需求，分析各种通信组网方式对抄表、线损、费控、电能质量、配电变压器运行监测、负荷监测、重点用户监测、电费服务、有序用电等当前采集业务的适用情况。

（1）抄表业务。自动采集电力用户电能表的数据，获得电费结算所需的电能计量数据和其他信息。该业务要求较低的实时性，较高的安全性和可靠性。

（2）线损业务。目前主要负责采集各供电点和受电点的有功和无功的正/反向电能量数据以及供电网络拓扑数据。该业务数据量一般，对实时性和安全性要求一般，要求较高的采集可靠性。

（3）费控业务。目前有本地费控和远程费控两种形式。该业务数据量一般，对实时性和安全性要求较高，要求高可靠性。

（4）电能质量业务。电能质量管理主要包括谐波监测管理及电压监测管理等工作等。该业务数据量较大，对实时性和安全性要求较高，要求比较高的采集可靠性。

（5）配电变压器运行监测。对监测变压器的运行数据进行采集。该业务数据量较大，对实时性和安全性要求较高，并要求比较高的采集可靠性。

（6）重点用户监测。采集对重点用户提供用电情况跟踪、查询和分析数据。该业务数据量一般，对实时性和安全性要求较高，并要求比较高的采集可靠性。

（7）电费服务。为用户提供了包含实时电费账单、历史电费账单、电价和计费信息、客户上网电价信息、电力市场竞价、客户欠费信息等信息。该业务数据量较大，对实时性和安全性要求高，并要求高可靠性。

（8）有序用电业务，对电力用户的用电负荷进行有序控制，并可对重要用户采取保电措施，可采取功率定值控制和远方控制两种方式。该业务数据量一般，对实时性和安全性要求高，并要求比较高的采集可靠性。

5.3.3 数据流量分析

根据 Q/GDW 1376.1—2013《电力用户用电信息采集系统通信协议 第 1 部分：主站与采集终端通信协议》中采集数据量和 Q/GDW 1373—2013《电力用户用电信息采集系统功能规范》中规定的采集数据模型统计出专变用户、低压三相一般工商业用户、低压单相一般工商业用户、居民用户和公变考核点共 5 类用户的每分钟报文数和报文字节数，见表 5-6 和表 5-7。

表 5–6 各类用户报文数统计

用户类别	各类用户报文数统计				
	专变用户	低压三相一般工商业用户	低压单相一般工商业用户	居民用户	公变考核点
每分钟内报文数	4.653	4.118	2.586	0.066	4.164

表 5–7 各类用户每分钟报文字节数统计 byte

用户类别	各类用户每分钟报文字节数统计				
	专变用户	低压三相一般工商业用户	低压单相一般工商业用户	居民用户	公变考核点
各类用户每分钟报文字节数	249.9	226.2	110.3	8.6	230.5

根据表 5–6 和表 5–7 的报文统计数据计算出不同传输信道中各类用户终端的通信速率要求如表 5–8 所示。

表 5–8 各类用户远程通信速率要求 bit/s

用户类别	各类用户终端的通信速率要求				
	专变用户	低压三相一般工商业用户	低压单相一般工商业用户	居民用户	公变考核点
无线公网	61.231	54.870	30.227	1.539	55.721
230MHz 无线专网	46.049	41.681	20.404	1.566	42.473
230MHz 无线宽带专网	46.057	41.676	20.399	1.572	42.464
光纤专网	89.147	79.577	45.745	1.937	80.702

表 5–9 各类用户本地通信速率要求 bit/s

用户类别	各类用户通信速率要求				
	专变用户	低压三相一般工商业用户	低压单相一般工商业用户	居民用户	公变考核点
本地通信信道（RS–485、微功率无线、宽带载波、窄带载波）	33.32	30.16	14.71	1.15	30.73

计算方法如下：

（1）光纤信道各类用户的要求的通信速率=（各类用户分钟报文数×协议开销+各类用户分钟数据流量字节数）×8/60；

（2）无线公网信道各类用户的要求的通信速率=（各类用户分钟报文数×协议开销+各类用户分钟数据流量字节数）×8/60；

（3）230MHz 无线专网信道各类用户的要求的通信速率=（各类用户分钟报文数×协议开销+各类用户分钟数据流量字节数×15/11）×8/60；

（4）LTE230 电力无线宽带专网各类用户的要求的通信速率=（各类用户分钟报文数×协议开销+ 各类用户分钟数据流量字节数×15/11）×8/60；

（5）本地信道通信速率=各类用户分钟本地数据流量字节数×8/60。

不同传输信道的额外协议开销如下：

（1）采用光纤专网每个数据包含增加协议开销：以太网包头约——50 字节；IP 包头——20 字节；TCP 包头——20 字节。

（2）采用 GPRS 每个数据包含增加协议开销：GPRS 包头——5 字节；IP 包头——20 字节；TCP 包头——20 字节。

（3）采用 230M 终端每个数据包含增加：纠错编/解码——1 个字节长度，每 11 字节需 4 个字节的纠错编/解码。

（4）采用 LTE230 电力无线宽带系统终端每个数据包含增加：包头——5 字节；IP 包头——20 字节；TCP 包头——20 字节；纠错编/解码——1 个字节长度，每 11 字节需 4 个字节的纠错编/解码。

建模分析如下。

【场景 1】

假设一个 200 居民用户的社区，其中包含 3 个专变用户，20 个低压三相一般工商业、20 个低压单相一般工商业、200 个居民用户和一个公变考核点。

专变用户总通信速率要求=3×不同传输信道中各类用户要求的通信速率。

低压用户总通信速率要求=20×不同传输信道中低压三相一般工商业用户通信速率+20×不同传输信道中低压单相一般工商业用户通信速率+200×不同传输信道中居民用户通信速率+不同传输信道中公变考核点通信速率。

【场景 2】

假设一个 2000 居民用户的社区，其中包含 30 个专变用户，200 个低压三相一般工商业、200 个低压单相一般工商业、2000 个居民用户和 10 个公变考核点。

专变用户总通信速率要求=30×不同传输信道中各类用户要求的通信速率；

低压用户总通信速率要求=200×不同传输信道中低压三相一般工商业用户通信速率+200×不同传输信道中低压单相一般工商业用户通信速率+2000×不同传输信道中居民用户通信速率+不同传输信道中公变考核点通信速率。

表 5–10　　　　　　　当前业务场景远程信道建模分析　　　　　　bit/s

用户类别	200 用户通信速率要求		2000 用户通信速率要求	
	专变用户	低压用户	专变用户	低压用户
无线公网	183.693	2065.461	1836.93	20 654.61
230MHz 无线专网	138.147	1597.373	1381.47	15 973.73
230MHz 无线宽带专网	138.171	1598.364	1381.71	15 983.64
光纤专网	267.441	2974.542	2674.41	29 745.42

结合表 5–1、表 5–10 分析，当前各远程通信技术均可满足各类用户用电信息采集业务通信速率需求。

表 5–11　　　　　　　　　　当前业务场景本地信道建模分析　　　　　　　　　　bit/s

用户类别	200 用户通信速率要求		2000 用户通信速率要求	
	专变用户	低压用户	专变用户	低压用户
本地通信信道	99.96	1158.13	999.6	11 304.73

结合表 5–2、表 5–11 分析，当前各本地通信技术均可满足各类用户用电信息采集业务带宽需求。

5.3.4　小结

综上所述，从业务带宽速率和稳定性综合比较，"光纤专网+RS–485"的组网方案具备高速率、高可靠性、高实时性和高安全性，能够同时满足多种用电信息采集业务应用需求，尤其在费控业务、电费服务、有序用电等方面优于其他方案，是用电信息采集系统最理想的传输信道组网方案。现阶段无线公网+窄带载波等通信方式虽在安全性、可靠性上稍差，但也可对满足当前基本业务需求。

5.4　典型应用分析

根据以上统计，无线公网+窄带载波方式是各公司主要组网的方式，部分公司结合本地实际情况建立特色的组网方式，更好地满足用电信息采集各项业务需求，其中包括：无线公网+微功率无线方式、无线公网+电力线宽带载波方式、光纤专网+RS–485 方式、有线电视通信网+RS–485 方式和 LTE230 电力无线宽带专网+电力线窄带载波方式。

北京公司、山东公司、宁夏公司采用无线公网+微功率无线方式进行用电信息采集，本地通信利用微功率无线通信技术进行数据传输，这种方式无需敷设专用通信线路，且不受台区供电范围限制，降低了施工难度；可靠性较高，传输速率快，很好地满足了用电信息采集业务的要求。

辽宁公司、甘肃公司、湖北公司等单位采用无线公网+电力线宽带载波方式进行用电信息采集，本地通信利用电力线宽带载波技术进行数据传输，这种方式具有自动路由选址和中继组网机制的特点，传输距离较远，组网灵活，带宽高、性能好、支持并发，可扩展性更多的业务需求。

天津公司、宁夏公司采用光纤专网+RS–485方式进行用电信息采集，该方式远程通道传输频带宽、通信容量大、具有很强的多业务组网能力，可靠性高、安全性高，不易受电磁干扰和雷电影响，可承载未来用电信息采集深化应用需求。

四川公司、山东公司开展了有线电视通信网+RS–485方式的用电信息采集试点，该方式远程通道具有光纤网络的技术特性和传输特性，采集终端在线率高，一次采集成功率高，一次购电信息下发成功率高。与无线公网相比，在提高了传输速率、安全性的前提下，具有较好的业务扩展性。

浙江公司海盐县供电局开展了 LTE230 电力无线宽带专网+电力线窄带载波方式试点。该方式远程通道支持海量用户实时在线，与无线公网相比，具有高可靠性和抗干扰性强等特点，为下一步用电信息采集建设提供更多的选择。

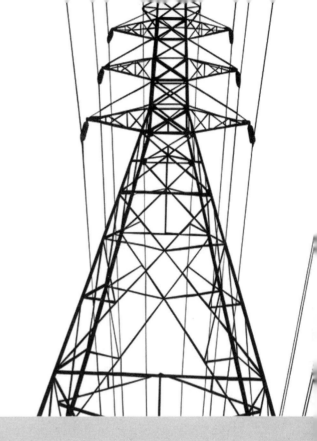

第 **6** 章

策 略 及 建 议

6.1　应用需求展望

用电信息采集深化应用内容包括实时抄表、稽查监控、用户互动等业务，其应用模式可分为基本应用和高级应用。目前，采集系统通信方式基本满足当前采集及营销业务的需求，与基本应用相比，高级应用在数据的实时性、可靠性、安全性等方面有更高的要求，为进一步提高用电信息采集系统的业务支撑能力，需要对采集系统应用的通信技术提出更为适宜的应用策略。

6.1.1　实时抄表

电能表数据采集是采集系统的基本业务，是公司营销计量、抄表、收费标准化建设的重要数据来源。随着采集系统应用逐步深化及营销管理和服务的业务创新，电能表数据采集频率也将逐步增大。实时抄表指标要求见表 6-1。

表 6-1　　　　　　　　　实 时 抄 表 指 标 要 求

业务类型	数据类型	应用模式	响应时间	数据完整性	安全性
实时抄表	实时抄表数据	基本应用	实时数据召测响应时间<15s;实时数据采集成功率>95%	残留差错率<10^{-6}	较高
		高级应用	实时数据召测响应时间<10s;实时数据采集成功率>96%	残留差错率<10^{-14}	高
	常规抄表数据	基本应用	主站抄收频率：次/2h；集中器采集频率：次/15min；系统日抄读成功率>96%	残留差错率<10^{-6}	较高
		高级应用	主站抄收频率：次/2h；集中器采集频率：次/15min；系统日抄读成功率>96%	残留差错率<10^{-14}	高

6.1.2　实时费控

基于目前费控业务应用的需求，要求采集系统实现费控策略能够及时下发，并实时地对用户进行预警、停电或复电控制，进一步提高营销业务水平和客户满意度。业务要求采集系统具备安全、可靠、实时的信息传输技术，连续高效地采集用电数据，及时传输控制指令和电价电费参数。

经过实验数据与 Q/GDW 1376.1—2013《电力用户用电信息采集系统通信协议 第 1 部分：主站与采集终端通信协议》数据测算，阶梯电价下发至每块电表数据量约 42 字节（按照向每块电表下发 4 个费率电价共 16 个字节、1 个费率数共 1 个字节、1 个阶梯数共 1 个字节、2 个阶梯值共 2 个字节、3 个阶梯电价共 12 个字节、1 个费率下发切换时间共 5 个字节、1 个阶梯下发切换时间计算共 5 个字节）。实时费控指标要求见表 6-2。

表 6-2   实 时 费 控 指 标 要 求

业务类型	数据类型	应用模式	响应时间	数据完整性	安全性
实时费控	费控指令	基本应用	费控指令响应时间＜5s	残留差错率＜10^{-14}	高
		高级应用	费控指令响应时间＜5s	残留差错率＜10^{-14}	高
	远程阶梯电价下发	基本应用	实时数据召测响应时间＜15s；实时数据采集成功率＞96%	残留差错率＜10^{-6}	较高
		高级应用	实时数据召测响应时间＜10s；实时数据采集成功率＞96%	残留差错率＜10^{-14}	高

6.1.3 稽查监控

基于稽查监控业务应用的要求，需要采集系统对异常数据明细由历史数据统计、分析转为实时数据的在线分析，更加精准地查找异常原因、定位异常问题，实现监测、分析、稽查、现场执行、反馈全方位、全过程管理，继而加强和提高营销管理水平。

6.1.3.1 线损分析

线损分析业务的实现，需要采集系统保障数据采集的实时性、可靠性，特别是在月末采集高峰期，需保证考核与结算计量点数据采集时间的一致性。线损分析指标要求见表6-3。

表6-3   线 损 分 析 指 标 要 求

业务类型	数据类型	应用模式	响应时间	数据完整性	安全性
线损分析	线损分析相关数据	基本应用	数据采集成功率>95%；数据召测响应时间<15s	残留差错率<10^{-6}	较高
		高级应用	数据采集成功率>96%；数据召测响应时间<10s	残留差错率<10^{-14}	高

6.1.3.2   计量在线监测/反窃电/分布式能源接入点计量装置监控

计量装置在线监测技术是采集系统深化应用研究的重要内容，通过对现场计量设备进行监测及异常事件上报手段，可实现事件类数据的采集和智能诊断，快速判定用电异常和窃电事件，提高服务能力及反窃电效率。

针对计量装置在线监测，需要采集系统及时传递计量异常信息。即异常事件一旦发生，就必须通过用电信息采集终端将事件及时上报，发出相应报警信息，对系统通信信道的实时性和可靠性提出了更高的要求。计量在线监测指标要求见表6-4。

表6-4   计量在线监测指标要求

业务类型	数据类型	应用模式	响应时间	数据完整性	安全性
计量在线监测	故障报警	基本应用	异常事件发现及主动上报时间<20min	残留差错率<10^{-6}	较高
		高级应用	异常事件发现及主动上报时间<15min	残留差错率<10^{-14}	高
	实时计量数据	基本应用	实时数据召测响应时间<15s；实时数据采集成功率>95%	残留差错率<10^{-6}	较高
		高级应用	实时数据召测响应时间<10s；实时数据采集成功率>96%	残留差错率<10^{-14}	高
	常规计量数据	基本应用	监测频率：次/15min；一次抄读成功率>95%	残留差错率<10^{-6}	较高
		高级应用	监测频率：次/15min；异常事件发现及主动上报时间<15min	残留差错率<10^{-14}	高

6.1.3.3 远程故障定位

远程故障处理业务可基于采集系统终端停上电、失压等事项及用户的电流、电压、负荷等数据信息，结合停电计划、电网拓扑结构，自动识别出故障停电的区域和范围，同时可以计算故障供电可靠率等指标信息。在此基础上，和营销 GIS、电网拓扑结构进行结合，可以进一步提高故障定位的准确性，为提高客户供电保障工作提供决策支持。远程故障定位指标要求见表 6-5。

表 6-5   远程故障定位指标要求

业务类型	数据类型	应用模式	响应时间	数据完整性	安全性
远程故障处理	实时数据及控制指令	基本应用	实时数据召测响应时间＜15s；实时数据采集成功率＞95%。控制命令响应时间＜5s	残留差错率＜10^{-14}	较高
		高级应用	实时数据召测响应时间＜10s；实时数据采集成功率＞96%；控制命令响应时间＜5s	残留差错率＜10^{-14}	高

6.1.4 需求侧管理

需求侧管理需要依托实时数据采集、可靠的数据传输手段，提供准确的用户用电数据，支撑有序用电、电能质量监测等业务的开展，实现对用户用电的智能调控和监测。

6.1.4.1 有序用电

通过技术手段，加强用电管理，根据电网负荷情况，采取一系列有序用电措施，达到对用户负荷的精准控制，避免无计划拉闸限电，确保电网安全运行和供电秩序稳定，提高客户端用电水平，提高电能质量和电网设备利用率，将季节性、时段性电力供需矛盾给社会和企业带来的不利影响降至最低程度。

有序用电深化应用实时监控数据量多，对通信信道的实时性、可靠性要求也进一步提高。有序用电指标要求见表6-6。

表6-6   有 序 用 电 指 标 要 求

业务类型	数据类型	应用模式	响应时间	数据完整性	安全性
有序用电	实时数据监测	基本应用	实时数据召测响应时间<15s；实时数据采集成功率>95%	残留差错率<10^{-6}	较高
		高级应用	实时数据召测响应时间<10s；实时数据采集成功率>96%	残留差错率<10^{-14}	高
	常规数据监测	基本应用	监测频率：次/5min；日抄读成功率>96%	残留差错率<10^{-6}	较高
		高级应用	监测频率：次/5min；日抄读成功率>97%	残留差错率<10^{-14}	高

6.1.4.2　电能质量监测

电能质量监测业务有助于进一步提高供电质量的合格率、可靠性，还能够支撑能效管理等节能业务的用电实时数据需求。因此，该业务需要完善监测分析内容，加强对客户侧的电能质量监测和分析，实时掌握重要客户用电情况等信息。电能质量监测指标要求见表6-7。

表6-7   电能质量监测指标要求

业务类型	数据类型	应用模式	响应时间	数据完整性	安全性
电能质量监测	实时数据监测	基本应用	实时数据召测响应时间<15s；实时数据采集成功率>95%	残留差错率<10^{-6}	较高
		高级应用	实时数据召测响应时间<10s；实时数据采集成功率>96%	残留差错率<10^{-14}	高
	常规数据监测	基本应用	监测频率：次/5min；日抄读成功率>96%	残留差错率<10^{-6}	较高
		高级应用	监测频率：次/5min；日抄读成功率>96%	残留差错率<10^{-14}	高

6.1.5　用户互动

用电信息互动服务是智能用电的重要内容，涉及实时抄表、实时费控等业务,需要对用户用电负荷进行实时采集,同时支撑与用户的双向互动,要求采集系统具有较高的安全性、可靠性和实时性。用电互动指标要求见表 6-8。

表6-8 用 电 互 动 指 标 要 求

业务类型	数据类型	应用模式	响应时间	数据完整性	安全性
用电互动	用户用电数据	基本应用	常规用电信息查询响应时间<5s; 实时用电信息查询响应时间<20s; 用户缴费响应时间<30s	残留差错率<10^{-6}	较高
		高级应用	常规用电信息查询响应时间<5s; 实时用电信息查询响应时间<15s; 用户缴费响应时间<20s	残留差错率<10^{-14}	高

6.1.6 时钟同步

为保障智能电能表、采集系统时钟准确、可靠、统一,为实施实时费控、阶梯电价奠定基础,需要建立公司系统采集系统对电能表的时钟同步和溯源。业务对采集系统通信的可靠性、实时性要求很高。时钟同步指标要求见表 6-9。

表6-9 时 钟 同 步 指 标 要 求

业务类型	数据类型	应用模式	响应时间	数据完整性	安全性
时钟同步	对时信息	基本应用	对时误差<5s	残留差错率<10^{-6}	较高
		高级应用	对时误差<3s	残留差错率<10^{-14}	高

6.1.7 需求分析

根据以上对智能用电新型业务的实现模式、业务需求等方面进行分析,可知下一代采集系统实时采集频率将会增加。考虑到新业务的数据需求,采集的数据项也会相应增多。在基本应用模式下，采集频率为 15min/次，采集数据项为采集终端基本的数据项（居民用户采集数据项变更为低压单相一般工商业用户采集数据项），业务指标为上述深化应用需求基本应用模式指标；高级应用模式采集频率为 15min/次，采集数据项为采集终端可能产生的所有数据项，业务指标为上述深化应用需求高级应用模式指标。

结合表 5-6 和表 5-7，并结合深化应用功能需求可得出五类用户的报文、数据完整性、安全性分析需求表，各类用户终端性能需求见表 6-10。

表 6-10 　　　　　　　　　　各类用户终端性能需求　　　　　　　　　　bit/s

应用模式	报文类型	各类用户终端报文需求				
		专变用户	低压三相一般工商业	低压单相一般工商业	居民用户	公变考核点
基本模式	各类用户分钟报文数	13.96	12.35	7.76	7.76	12.49
	各类用户分钟报文字节数	749.7	678.6	330.9	330.9	691.5
	误码率	$<10^{-6}$	$<10^{-6}$	$<10^{-6}$	$<10^{-6}$	$<10^{-6}$
	安全性	高	较高	较高	较高	较高
高级模式	各类用户分钟报文数	13.96	13.96	13.96	13.96	13.96
	各类用户分钟报文字节数	749.7	749.7	749.7	749.7	749.7
	数据完整性	$<10^{-14}$	$<10^{-14}$	$<10^{-14}$	$<10^{-14}$	$<10^{-14}$
	安全性	高	高	高	高	高

通过各类用户的报文需求，结合各通信技术所含开销字节数可计算出各类用户远程通信方式与本地通信方式所需带宽，如表 6-11 和表 6-12 所示。

表 6–11 各类用户远程通信速率要求 bit/s

应用模式	通信类型	各类用户远程通信速率要求				
		专变用户	低压三相一般工商业	低压单相一般工商业	居民用户	公变考核点
基本模式	GPRS 公网	183.71	164.6	90.67	90.67	167.15
	光纤专网	267.47	238.73	137.22	137.22	242.1
	230MHz 无线专网	138.17	125.03	61.2	61.2	127.39
	LTE230	220.06	197.51	106.71	106.71	200.68
高级模式	GPRS 公网	183.71	183.71	183.71	183.71	183.71
	光纤专网	267.47	267.47	267.47	267.47	267.47
	230MHz 无线专网	138.17	138.17	138.17	138.17	138.17
	LTE230	220.06	220.06	220.06	220.06	220.06

表 6–12 各类用户本地通信速率要求 bit/s

应用模式	通信类型	各类用户本地通信速率要求				
		专变用户	低压三相一般工商业	低压单相一般工商业	居民用户	公变考核点
基本模式	本地通信信道	99.96	90.48	44.12	44.12	92.2
高级模式	本地通信信道	99.96	99.96	99.96	99.96	99.96

由表 6–11 和表 6–12 可知，新一代采集系统各类用户终端对通信信道的带宽要求有较大区别，参照章节 4.3.3 中的建模分析，得出表 6–13 和表 6–14。

表 6–13 新一代用电信息采集系统建设业务场景建模分析 bit/s

应用模式	用户类别	200 用户		2000 用户	
		专变用户	低压用户	专变用户	低压用户
基本模式	无线公网	551.13	23 406.55	5511.3	234 065.5
	230MHz 无线专网	802.41	35 205.1	8024.1	352 051
	LTE230	414.51	16 091.99	4145.1	160 919.9
	光纤专网	660.18	27 627.08	6601.8	276 270.8

续表

应用模式	用户类别	200 用户		2000 用户	
		专变用户	低压用户	专变用户	低压用户
高级模式	无线公网	551.13	44 274.11	5511.3	442 741.1
	230MHz 无线专网	802.41	64 460.27	8024.1	644 602.7
	LTE230	414.51	33 298.97	4145.1	332 989.7
	光纤专网	660.18	53 034.46	6601.8	530 344.6

表 6–14　　　　　　新一代用电信息采集系统建设

业务场景建模分析（本地信道）　　　　　bit/s

应用模式	用户类别	200 用户		2000 用户	
		专变用户	低压用户	专变用户	低压用户
基本模式	本地通信信道（RS–485、微功率无线、宽带载波、窄带载波）	299.88	11 608.2	2998.8	116 082
高级模式	本地通信信道（RS–485、微功率无线、宽带载波、窄带载波）	299.88	24 090.36	2998.8	240 903.6

根据以上深化应用业务需求与各类用户对带宽、安全性、可靠性分析可得知所有通信技术均可满足未来业务基本模式应用需求，但少量采集业务高级模式应用对通道实时性、可靠性等指标要求较高，致使一些通信技术不能满足所有业务需求。新一代采集业务与目前通信方式关系如表 6–15 所示。

表 6–15　　　　　各通信方式对新一代采集业务需求分析

应用模式	通信方式	各类业务					
		实时抄表	费控	稽查监控	需求侧管理	用户互动	时钟同步
基本模式	GPRS 公网	满足	满足	满足	满足	满足	满足
	光纤专网	满足	满足	满足	满足	满足	满足
	230MHz 无线专网	满足	满足	满足	满足	满足	满足
	LTE230	满足	满足	满足	满足	满足	满足

续表

应用模式	通信方式	各类业务					
		实时抄表	费控	稽查监控	需求侧管理	用户互动	时钟同步
基本模式	窄带电力线载波	满足	满足	满足	满足	满足	满足
	宽带电力线载波	满足	满足	满足	满足	满足	满足
	微功率无线	满足	满足	满足	满足	满足	满足
	RS-485	满足	满足	满足	满足	满足	满足
高级模式	GPRS 公网	满足	不满足	满足	满足	满足	满足
	光纤专网	满足	满足	满足	满足	满足	满足
	230MHz 无线专网	满足	满足	满足	满足	满足	满足
	LTE230	满足	满足	满足	满足	满足	满足
	窄带电力线载波	满足	不满足	不满足	满足	满足	不满足
	宽带电力线载波	满足	满足	满足	满足	满足	满足
	微功率无线	满足	满足	满足	满足	满足	满足
	RS-485	满足	满足	满足	满足	满足	满足

（1）远程信道分析。由表 6-15 和表 5-1 可以看出，无线公网技术在对数据量要求不高的情况下可以满足应用需求，但无法很好地承载高级模式下稽查监控、时钟同步等对实时性、可靠性要求较高的业务需求；230MHz 无线专网技术虽然带宽较低，但网络安全性、可靠性较高，可承载未来专变用户用电信息采集业务应用需求；光纤专网和 LTE230 具有高带宽、高实时性、高可靠性的特点，可以满足对各类用户高级模式业务应用的需求。

（2）本地信道分析。由于本地通信多采用轮询方式进行数据交互，单位时间内只有单只电能表与采集终端进行通信，结合表 6-15 及表 5-2 可知，单只电能表数据采集对信道带宽要求并不高，基本上所有的通信技术都能满足（仅考虑带宽方面）。但当单台采集设备下所带用户量多的时候（见表 6-14），整体采集数据量将增加，通信技术采用轮询方式进行数据交换的方案进行采集的时间也将增长，不同采集方式对系统的采集效果影响很大。RS-485 技术速率快且单台采集设备下所带电表数少，在同样用户量的情况下，采集实时性最好，其受干扰因素少，日均采集成功率也最高；无线微功率技术和宽带载波技术速率较快，采集实时性也较好，但其信道可能受到外部环境的干扰，日均采集成功率较 RS-485 技术偏低，基本上能够满足高级模式下的用电信息采集指标要求；窄带载波技术能够满足基本模式的业务应用需求，但其通信速率不高、通信成功率偏低，不能很好满足高级模式下的各类实时业务应用（如大规模用户远程电价下发、时钟同步等）对通道实时性、可靠性的要求。

6.1.8　小结

综上所述，"光纤专网+RS-485"、"无线专网+RS-485"组网方案具备高速率、高可靠性、高实时性和高安全性，能够同时满足新一代采集系统深化应用需求，尤其在稽查监控、用户互动等方面优于其他方案，是用电信息采集系统理想的传输信道组网方案。

6.2　应　用　策　略

6.2.1　应用目标

（1）实现计量装置在线监测。通过建设采集系统，能实现对用户供电设备的实时在线监测，及时处理供电设备的事故隐患，避免重大事故的发生；能实现对重要部门、单位的用电情况监测，为确保煤矿、化工等高危企业的用电安全，维护社会稳定提供技术支持。

（2）推动节能减排工作。建设采集系统为推行阶梯电价和节能减排的实施提供了重要技术支撑，通过双向互动有力促进了清洁能源的综合利用，引导社会节约用电、科学合理用电。

（3）引导社会科学合理用电。通过建设采集系统，一是可以经由专网设备控制、公网设备监测等技术手段随时掌握客户错峰措施的落实情况，及时发现未执行错峰措施的客户并进行纠正。二是可通过负荷的准确预测，提早发现区域网内供需矛盾。三是系统可通过技术手段，特别是在电力紧张时，控制高能耗、高排放、高污染企业的电力使用，从而限制"三高"企业的生产和发展，推动社会科学合理用电。

（4）提升用户满意度。随着采集系统的推广应用，为公司营销计量、抄表、收费标准化建设提供了重要支撑，提升供电企业的服务能力，通过实时的在线监测，及时发现设备运行异常问题，提高故障响应、处理效率，缩短停电时间，增强供电可靠性，提升用户满意度。

（5）促进自主知识创新。采集系统建设步伐的加快势必会拉动内需，促进相关产业的发展，为国家经济的发展提供新的增长点；随着营销新型业务需求的产生，对相关技术特别是采集通信技术提出新的需求，将促进相关单位加大对新技术研究资金和人力资源的投入，可以不断推动相关技术的自主创新。

6.2.2 业务应用指标要求

通信信道建设应充分考虑新一代采集系统实时抄表、稽查监控、需求侧管理、用电互动、时钟同步等业务功能需求，结合本地区的自然环境、经济社会发展状况等因素，因地制宜地选择适合本地区的通信方式。新一代采集系统各项业务所需指标见表6-16。

表6-16　　　　　　　　　用电信息采集深化应用业务指标

承载业务	流量	数据数量、类型	采集频度	带宽指标	安全性指标	可靠性指标
线损分析	3.29MB/min	1.01TB/年	96次/天	7.48kbit/s	高	高
电能质量	1.02MB/min	0.295TB/年	96次/天	2.32kbit/s	高	高

续表

承载业务	流量	数据数量、类型	采集频度	带宽指标	安全性指标	可靠性指标
实时费控	3.23MB/min	0.67TB/年	96 次/天	7.35kbit/s	高	高
电费服务	1.25MB/min	0.37TB/年	96 次/天	2.84kbit/s	高	高
抄表业务	13.7MB/min	4.6TB/年	96 次/天	29.3kbit/s	高	高
配变运行监测	0.73MB/min	0.18TB/年	96 次/天	1.43kbit/s	高	高
时钟同步	0.45MB/min	2G/年	96 次/天	0.96kbit/s	高	高

6.2.3　通道建设和应用策略

（1）用电信息采集通信方式应遵循"专网为主、公网为辅、多信道并行"的总体技术路线，优先考虑光纤专网、230MHz 无线宽带专网技术。

（2）根据国家电网公司"十二五"通信规划，至 2015 年底，城市 10kV 台变光纤专网覆盖率将达到 25.67%，依托配电自动化、电力光纤到户业务的开展，光纤专网的建设正在加速，采集系统应充分利用已建成的光纤通信网络，在光纤网络已覆盖的台区，首选光纤通信方式。

（3）充分利用无线专网频点资源，丰富采集应用模式，专变采集远程通道建设坚持以专网为主，满足有序用电和安全控跳要求。

（4）在电力通信专用网络尚未覆盖的区域，远程信道可选择 GPRS/CDMA 公用网络作为专网通信的补充。

（5）在无线公网未覆盖的区域，用电信息采集应优先考虑利用 230MHz 无线专网进行覆盖或采用 PSTN 网络拨号接入方式作补充。

（6）互联互通互换将是未来采集通信技术选用的基本原则。积极开展载波、微功率无线等通信技术标准化建设，全面实现设备的互联、互通、互换。

（7）研究探索同一通信单元兼有多种介质通信能力，通过"异构"网络方式优化整合采集终端组网方式，优势互补，发挥各自技术特点，消除通信盲点。

（8）公网通信方式应符合国家电网公司相关安全防护和可靠性规定要求，采用可靠的安全隔离和认证措施。采用公网通信方式应组建虚拟专网（VPN），支持用户优先级管理，电力企业与运营商应采用专线方式建立高可靠的网络连接。

（9）深入研究各种通信技术特点，开展试点工作，把先进的通信技术引入用电信息采集。

附录　各单位用电信息采集通信方式应用情况统计表

序号	单位	用户类别	远程通信方式	本地通信方式	覆盖用户数（户）
1	北京	专变用户	GPRS	485 到表	52 886
		低压用户	GPRS	微功率无线到表	2 996 805
			光纤	485 到表	6770
2	天津	专变用户	230MHz 专网	485 到表	9632
			光纤	485 到表	7000
			GPRS/CDMA	GPRS 到表	13 645
			GPRS/CDMA	485 到表	24 313
		低压用户	GPRS	载波到表	3 284 156
3	河北	专变用户	GPRS	485 到表	45 381
		低压用户	GPRS/CDMA	载波到表	3 080 246
4	冀北	专变用户	230MHz 专网	485 到表	240
			GPRS	485 到表	79 136
				GPRS 到表	8785
		低压用户	GPRS	载波到表	3 883 571
5	山西	专变用户	GPRS/CDMA	485 到表	88 510
		低压用户	GPRS/CDMA	宽带载波+485 表	20 703
		低压用户	GPRS	载波+485 表	5 182 822
6	山东	专变用户	GPRS	485 到表	391 246
		低压用户	ADSL	485 到表	214 865
			GPRS	485 到表	9 577 537
			GPRS	GPRS 到表	96 216
			GPRS	微功率无线+485 表	4 218 212
			GPRS	载波+485 表	200 810

序号	单位	用户类别	远程通信方式	本地通信方式	覆盖用户数（户）
6	山东	低压用户	光纤	485 到表	170 325
			CATV	485 到表	16 510
7	上海	专变用户	230MHz 专网	485 到表	43 883
		低压用户	GPRS	载波+485 表	4 568 172
			光纤	485 到表	195 304
8	江苏	专变用户	230MHz 专网	485 到表	273 767
			GPRS	485 到表	45 442
			GPRS	GPRS 到表	24 614
		低压用户	GPRS	485 到表	10 929 579
			GPRS	载波+485 表	6 870 046
9	浙江	专变用户	GPRS	485 到表	218 466
		低压用户	GPRS	485 到表	7 936 333
			GPRS	载波+485 表	3 112 182
10	安徽	专变用户	光纤	485 到表	64
			230MHz 专网	485 到表	3601
			GPRS/CDMA	485 到表	29 783
		低压用户	光纤	宽带载波+485 表	98 290
			光纤	载波+485 表	1 904 416
			GPRS	宽带载波+485 表	451 248
			GPRS	载波+485 表	2 537 262
11	福建	专变用户	GPRS/CDMA	485 到表	60 432
			230MHz 专网	485 到表	1607
		低压用户	光纤	宽带载波+485 表	2369
			光纤	载波到表	171 981
			GPRS/CDMA	载波到表	3 337 434
			GPRS/CDMA	宽带载波+485 表	2414

续表

序号	单位	用户类别	远程通信方式	本地通信方式	覆盖用户数（户）
12	湖北	专变用户	GPRS/CDMA	485 到表	76 351
			230MHz 专网	485 到表	645
		低压用户	GPRS/CDMA	载波到表	4 786 585
			GPRS/CDMA	宽带载波+485 表	240 236
			光纤	载波到表	288 200
			PSTN	载波+485 表	30 572
13	湖南	专变用户	GPRS	485 到表	26 136
		低压用户	GPRS	载波到表	3 992 291
14	河南	专变用户	GPRS	485 到表	37 183
			230MHz 专网	485 到表	6226
			Mobitex	485 到表	289
		低压用户	GPRS	载波+485 表	385 007
			GPRS	载波到表	2 854 856
15	江西	专变用户	GPRS	485 到表	194 084
			GPRS	GPRS 到表	24 299
		低压用户	GPRS	485 到表	1 577 477
			GPRS	载波到表	1 291 111
16	四川	专变用户	GPRS/CDMA	485 到表	61 548
		低压用户	GPRS/CDMA	载波+485 表	5 563 105
			CATV	485 到表	66 938
			光纤	485 到表	46 145
17	重庆	专变用户	230MHz 专网	485 到表	5041
		低压用户	GPRS	485 到表	39 627
			GPRS	载波到表	2 891 250
18	辽宁	专变用户	GPRS	485 到表	193 035
			230MHz 专网	485 到表	5275
		低压用户	GPRS	载波到表	5 918 708

序号	单位	用户类别	远程通信方式	本地通信方式	覆盖用户数（户）
19	吉林	专变用户		485 到表	13 456
		低压用户	GPRS	载波到表	3 480 061
20	黑龙江	专变用户	GPRS	485 到表	150 073
		低压用户	GPRS	载波到表	5 398 692
21	蒙东	专变用户	GPRS	485 到表	63 656
		低压用户	GPRS	载波到表	300 975
22	陕西	专变用户	GPRS	485 到表	42 153
		低压用户	GPRS	载波到表	1 116 264
			GPRS	载波+485 表	149 398
23	甘肃	专变用户	GPRS	485 到表	18 849
		低压用户	GPRS	载波到表	778 401
			GPRS	宽带载波+485 表	26 763
			GPRS	载波+485 表	55 414
24	青海	专变用户	GPRS	485 到表	53 686
		低压用户	GPRS	载波+485 表	724 785
			GPRS	载波到表	172 499
			GPRS	微功率无线+485 表	858
			北斗卫星	载波+485 表	160
			光纤	载波+485 表	2500
25	宁夏	专变用户	GPRS	485 到表	24 751
		低压用户	GPRS	载波到表	1 002 808
			GPRS	宽带载波+485 表	28 852
			GPRS	485 到表	225 917
			光纤	485 到表	49 525
			GPRS	微功率无线到表	606 372

续表

序号	单位	用户类别	远程通信方式	本地通信方式	覆盖用户数（户）
26	新疆	专变用户	230MHz 专网	485 到表	255
			GPRS	485 到表	127 870
		低压用户	GPRS	载波到表	2 834 170
27	西藏	专变用户	GPRS	485 到表	4983
		低压用户	GPRS	485 到表	21 003
			GPRS	微功率无线到表	10 775

参 考 文 献

[1] International Smart Grid Action Network. Spotlight On Advanced Metering Infrastructure [R]. 3/9/2013.

[2] 国家电网公司中外智能用电分析对比研究组. 中外智能用电发展理念及实践对比研究 [R]. 中外智能用电理念及实践项目，2012.

[3] [德] 哈斯尼加，等，著. 宋健，赵丙镇，李晓，译. 宽带电力线通信网络设计 [M]. 北京：人民邮电出版社，2008.

[4] 刘振亚. 智能电网技术 [M]. 北京：中国电力出版社，2010.

[5] 肖立业. 中国战略性新兴产业研究与发展—智能电网[M]. 北京：机械工业出版社，2013.

[6] 刘建明. 物联网与智能电网 [M]. 北京：电子工业出版社，2012.

[7] 祁兵，唐良瑞，龚钢军. 基于 Mobitex 的电力负荷管理系统设计 [J]. 电力系统自动化，2006，30（5）：83-85.

[8] 肖立业. 中国战略性新兴产业研究与发展：智能电网. 北京：机械工业出版社，2013.

[9] 周孝信，等. 中国电气工程大典（第 8 卷）：电力系统工程. 北京：中国电力出版社，2010.

[10] 马强，陈启美，李勃. 跻身未来的电力线通信（二）电力线信道分析及模型. 电力系统自动化第 27 卷第 4 期. 2003 年 2 月 25 日